NOUVEAU SPECTACLE

DE LA NATURE

ou

DIEU ET SES OEUVRES

IMPRIMERIE DE H. FOURNIER ET Ce,
RUE DE SEINE, 14.

Nouveau Spectacle

DE LA NATURE

OU

DIEU ET SES OEUVRES

PAR MM

VICTOR ET AMBROISE RENDU FILS

Les œuvres du Seigneur sont grandes

Ps. 111, vers. 2

MOLLUSQUES

PARIS

PITOIS-LEVRAULT ET Cie, LIBRAIRES

RUE DE LA HARPE, 81

—

1840

PREMIÈRE PARTIE.

MOLLUSQUES.

CHAPITRE PRÉLIMINAIRE.

ORGANISATION DES MOLLUSQUES.

A mesure que nous descendons dans l'échelle animale, l'organisation des êtres devient moins compliquée, leur structure ne présente plus autant de ressorts merveilleux, leurs membres disparaissent ou se simplifient, et en même temps l'instinct si développé dans les animaux supérieurs, s'affaiblit, ou même semble s'éteindre quelquefois entièrement. Mais qu'on ne croie pas pour cela que leur étude offre toujours moins d'intérêt, que le spectacle de leur existence soit toujours moins admirable. Si la Providence emploie moins d'agents intermédiaires, son action se manifeste plus clairement peut-être, et rien n'est plus touchant que de contempler ces soins si directs qu'elle prend elle-même de ces êtres faibles et impuissants, à qui elle donne l'abri qu'ils ne sauraient construire, à qui elle apporte la nourriture qu'ils ne sauraient chercher.

Après les poissons les naturalistes ont placé les mollusques, qui sont dans un tout autre embranchement du règne animal, car ils manquent de ce squelette osseux que nous avons remarqué jusqu'à présent dans toutes les espèces, et qui leur donne cette force et cette agilité qui distingue tant de quadrupèdes, d'oiseaux, de reptiles et de poissons. Les mollusques, ainsi que l'indique leur nom, ont le corps flasque et mou, dans lequel se trouve un système nerveux fort simple, et circule un sang blanc ou bleuâtre. Leur forme est extrêmement variée, et il serait impossible d'avoir une idée générale de ces êtres, sans en avoir eu sous les yeux un grand nombre. Leur peau molle et visqueuse est ordinairement revêtue et protégée par un manteau, sorte de membrane lâche et flexible, plus ou moins consistante, suivant que le mollusque est nu ou pourvu d'une coquille. Cette coquille est peut-être ce que les mollusques ont de plus remarquable : leur faiblesse et leur peu d'instinct les rendraient absolument incapables de se mettre en sûreté dans une retraite choisie, ou d'y suppléer par des constructions plus ou moins habiles. Mais voyez quel secours leur prête la Providence ! elle a donné au manteau qui les recouvre la propriété de produire, sans aucun effort de l'animal, une matière cornée et calcaire, souvent extrêmement dure, qui s'étend par lames successives, à mesure que grandit l'animal, et lui forme une demeure dont les accroissements répondent exactement à ceux de l'être qui l'habite. Ces coquilles varient prodigieusement et de formes et de couleurs. On sait combien quelques unes sont précieuses par leur élégance et leur éclat; d'autres plus ternes, moins gracieuses, sont dédaignées par les amateurs, mais toutes n'en remplissent pas moins leur but, qui est de protéger l'animal qui les a produites. Parmi ces coquilles, les unes sont composées d'une seule pièce ou *valve*, ordinairement roulée en spirale, et on les nomme *univalves*; d'autres sont composées de deux pièces, espèces de battants qui se joignent l'un l'autre ordinairement sur tous leurs bords, et renferment le mollusque dans leur cavité; ce sont les *bivalves*. Enfin il y en a qui sont composées d'un grand nombre de pièces, et qu'on a appelées pour cette raison *multivalves*. Quelques univalves offrent une particularité remarquable : c'est un *opercule* ou petite plaque qui ferme l'ouverture de la coquille, qui quelquefois naît à certaines époques, pour se détacher ensuite, quelquefois aussi demeure toujours attaché à la coquille par une articulation. De ces coquilles les unes sont terrestres, les autres aquatiques; et parmi celles-ci les unes vivent dans l'eau douce, les autres dans la mer. Le nombre de ces dernières est sans comparaison le plus considérable. La mer nourrit des mollusques nus, des mollusques à coquilles univalves, bivalves, multivaves; l'eau douce ne renferme que des univalves et des bivalves. Les premières seules, se trouvent sur la terre, avec plusieurs mollusques nus, car les autres ne peuvent pas se mouvoir, ou ne font quelques mouvements qu'à l'aide de l'eau qui les entoure. Du reste, les mouvements des mollusques terrestres, à cause du défaut de squelette, sont toujours difficiles ; ils rampent avec une grande lenteur : quelques espèces marines seules nagent avec une assez grande agilité.

Les sens sont assez imparfaits chez les mollusques, excepté le toucher qui est extrêmement délicat. La vue existe chez quelques uns, mais souvent bien faible : ainsi quoique le limaçon porte des yeux à l'extrémité de ce que l'on appelle improprement ses cornes, ce sont des organes si peu complets, qu'on doute si réellement ils peuvent servir à le diriger autrement que par le tact. L'odorat est probablement nul, il en est à peu près de même de l'ouïe dans beaucoup de mollusques. La respiration se fait tantôt par des poumons, tantôt par des branchies, suivant que l'animal doit vivre à l'air ou dans l'eau.

D'après la forme générale de leurs corps, on a réparti les mollusques en six classes, dont les principales sont celles des *Céphalopodes*, des *Gastéropodes*, des *Acéphales*.

Les Céphalopodes ont presque tous une coquille intérieure. Leur corps est enveloppé dans un sac membraneux ; ce sac est ouvert à la partie antérieure, et laisse passer une tête de forme arrondie, accompagnée d'appendices ou tentacules, dont toute la surface est garnie de suçoirs ou ventouses, à l'aide desquelles ces mollusques se fixent aux corps durs, saisissent leur proie, rampent au fond des mers ou nagent à travers les ondes. Ils ont des yeux ronds et très grands, une oreille assez semblable à celle des poissons, et deux mâchoires cornées, que l'on peut comparer à un bec de perroquet. Tous sont aquatiques, et respirent à l'aide de branchies.

Les Gastéropodes sont ainsi nommés parce qu'ils rampent sur un pied charnu situé à la partie inférieure de leur corps. Tous ont le corps terminé par une tête saillante qui, comme celle du limaçon, peut être ramenée à volonté dans l'intérieur du manteau : leur coquille, quand ils en ont, est toujours univalve.

Les Acéphales enfin n'ont pas de tête visible à l'extérieur ; leur corps est enveloppé dans un manteau qui, ployé en deux, enferme l'animal comme un livre dans sa couverture. Leur coquille bivalve s'ouvre d'elle-même par un ressort particulier ; l'animal n'a d'efforts à faire que pour la tenir fermée, mais il n'y est obligé que dans des cas assez rares, car les acéphales, plongés dans l'eau, ont besoin de laisser les valves de leur coquille toujours béantes, pour que le liquide vienne baigner leurs branchies, et leur apporte leur nourriture ; mais ils savent les fermer promptement au moindre danger, et les réunissent avec une telle force qu'il devient fort difficile de les ouvrir, comme aussi de leur arracher le corps qu'ils peuvent avoir serré entre les deux bords en se refermant. Il n'y aura donc guère d'animaux marins qui puissent tenter de dévorer l'huître entr'ouverte au fond des mers.

CHAPITRE PREMIER.

CÉPHALOPODES.

Dans cette classe nous trouvons quelques mollusques marins des plus remarquables par leurs propriétés, et des plus généralement connus : le Poulpe, l'Argonaute, la Sèche et le Calmar. Le poulpe est un des plus grands, il vit au fond de l'eau, dans laquelle il se traîne plutôt qu'il ne nage ; en général il se tient près des côtes, où il dévore un grand nombre de poissons et d'animaux marins qui habitent ordinairement les mêmes parages. Son humeur carnassière est favorisée de la manière la plus avantageuse par la force de ses bras, qui le rend redoutable à une foule d'animaux d'une taille quelquefois plus considérable que la sienne. Ces appendices, garnis d'un nombre immense de ventouses, s'attachent d'une manière très étroite au corps qu'il a saisi, et il est peu d'animaux qui puissent échapper à ses funestes embrassements. Quoique les poulpes avancent difficilement dans la mer, et que leur corps soit extrêmement mou, la

Providence leur a donné tous les moyens de se soustraire à la plupart de leurs ennemis, comme aussi de se procurer la proie qui leur est nécessaire. S'ils s'avançaient en pleine mer, ils seraient bientôt dévorés par les poissons, avides de leur chair, qui, par l'agilité supérieure de leurs mouvements, échapperaient aisément aux atteintes de leurs bras ; et ceux qu'ils voudraient saisir eux-mêmes se seraient bientôt dérobés par la fuite. Le poulpe saura éviter les inconvénients de son organisation ; il se tiendra caché dans les fentes des rochers, et ainsi il pourra, en jetant à l'improviste son grappin fatal sur les animaux qui passent sans défiance à sa portée, les attirer dans son repaire pour s'en nourrir à son aise. C'est ainsi qu'il arrive à des crabes énormes de succomber dans leur lutte contre le poulpe, lutte qui en pleine mer se serait bientôt terminée à leur avantage. Les poulpes sont dangereux même aux nageurs quand ils s'attachent à leur corps, quoiqu'il soit facile de leur faire lâcher prise en leur retournant la tête. On a dit que les poulpes en enveloppant de leurs appendices les membres d'un nageur pouvaient le faire périr ; si le fait est possible, il faut se garder d'ajouter foi aux autres assertions exagérées, que l'on a répétées sur le compte de cet animal. Pline a écrit autrefois, et une foule de voyageurs et même de naturalistes n'ont pas craint d'affirmer après lui qu'il existait une espèce de poulpe à qui on a donné le nom de Kraken, et qui atteignait de telles dimensions qu'il ressemblait à une île, et pouvait faire sombrer un vaisseau voguant à pleines voiles. On a raconté l'histoire d'un de ces poulpes dont la tête était de la grandeur d'un tonneau, et dont chacun des appendices, de trente pieds de long au moins, était assez gros pour qu'un homme pût difficilement l'embrasser. Ce poulpe, ajoutait-on, habitant des côtes d'Espagne, avait coutume de sortir de la mer pour aller manger les poissons dans les réservoirs. La continuité de ses larcins éveilla les soupçons des gardiens, qui crurent mettre leurs provisions à l'abri en établissant autour des palissades élevées : vaines précautions ! le poulpe les franchissait en se servant d'un arbre voisin. On ne réussit à le prendre que par la sagacité des chiens, qui le découvrirent une nuit pendant qu'il retournait à la mer. Leurs aboiements éveillèrent les gardiens, qui accoururent en toute hâte, mais hésitèrent longtemps à attaquer ce formidable ennemi, qui répandait autour de lui une odeur insupportable. Enfin plusieurs hommes armés de fourches et de lances, et aidés par des chiens vigoureux, parvinrent à le tuer après un combat périlleux et acharné.

Des observations suivies ont réduit au néant toutes ces fables, et maintenant, sans craindre de rencontrer parmi les poulpes quelque géant aussi terrible, les marins, dans plusieurs endroits et surtout sur les côtes de la Méditerranée, leur font une guerre active pour se nourrir de leur chair.

Les sèches et les calmars, deux genres fort voisins entre eux, diffèrent peu des poulpes ; mais ils ont à un haut degré une faculté beaucoup moins remarquable dans les poulpes, celle de produire et de répandre à volonté une liqueur fortement colorée. Ils se distinguent encore des poulpes en ce qu'ils n'habitent pas ordinairement comme eux sur le rivage, mais préfèrent se tenir en pleine mer. Leurs mouvements sont rapides dans tous les sens, et ils avancent avec aisance au moyen d'une nageoire circulaire qui entoure leur corps : ils tiennent ordinairement leurs appendices ou bras renfermés dans des cavités particulières, d'où ils les font sortir brusquement pour enlacer la proie qui se trouve à leur portée, et qu'ils soumettent ensuite à l'action de deux puissantes dents dont leur bouche est armée. Ces organes leur servent peut-être encore à se cramponner aux rochers, afin de se mettre à l'abri des tempêtes. Les calmars, plus agiles encore que les sèches, poursuivent les animaux dont ils se nourrissent avec une vitesse remarquable pour des animaux privés de squelette ; parfois même ils s'élancent hors de l'eau à une assez grande hauteur pour retomber dans les bateaux des pêcheurs.

Les sèches possèdent une coquille imparfaite, à laquelle on a donné le nom d'*os de sèche* ; c'est cette substance calcaire que l'on place souvent dans la cage des petits oiseaux pour user l'extrémité de leur bec, qui sans cela pourrait acquérir une longueur incommode. On les pile encore pour en faire des poudres à nettoyer les dents.

Nous avons dit que la sèche et le calmar répandent une liqueur colorée. Cette liqueur noirâtre, qui se forme dans une vésicule particulière, forme presque à elle seule cette couleur agréable par sa teinte et son égalité de ton, *la sépia*, d'un si grand usage dans la peinture à l'eau. Mais, comme on l'a souvent prétendu, elle n'entre pas dans la composition de l'encre de Chine, fabriquée avec du noir de la fumée extrêmement divisé, de la gomme et une substance aromatique que nous ne connaissons qu'imparfaitement.

Cette liqueur précieuse pour nos arts, n'a pas été

Calmar Sèche.

donnée seulement à la sèche pour l'utilité de l'homme, c'est une ressource importante que le Créateur a mise au service de l'animal lui-même. Ne semble-t-il pas que son corps délicat ballotté par les flots, sera infailliblement dévoré par les animaux plus forts qui abondent dans les mers, et que l'espèce disparaîtra en peu de temps? Il n'en est rien cependant ; en présence d'un redoutable ennemi, il reste à la sèche un dernier moyen de salut dont elle use souvent avec succès ; en comprimant une vésicule, dont elle fait sortir cette liqueur, elle s'entoure tout à coup d'un nuage épais, trouble l'eau aux environs, et profite de l'hésitation de l'assaillant pour s'enfuir au plus vite. On sait encore que les sèches se multiplient fort vite ; elles pondent un grand nombre d'œufs qui se trouvent réunis en grappe au fond de la mer. Les petites sèches en sortent toutes formées, déjà capables de se diriger, de nager comme leur mère, de fuir le danger et de chercher leur nourriture.

Il nous reste à parler de l'argonaute, auquel

FIGURE 2.

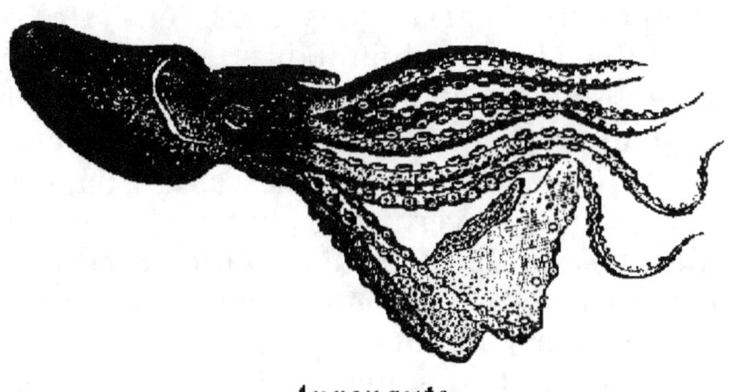

Argonaute.

nous pouvons joindre le nautile, fort semblables

par leurs mœurs et leurs formes, et tous deux remarquables entre tous les céphalopodes par leur élégante coquille, mais différents en ce que la coquille du nautile a plusieurs compartiments, tandis que celle de l'argonaute n'offre qu'une seule cavité. La coquille de l'un et de l'autre est du reste d'une délicatesse extrême; elle est mince, flexible, transparente en quelques endroits, d'un blanc nacré qui brille au soleil des teintes les plus agréables; du reste, elle est si faible que le moindre choc suffirait pour la briser. Aussi, observez avec quel soin la Providence instruit les plus chétives créatures! Le nautile n'habite pas avec les poulpes et plusieurs autres espèces du même ordre, parmi les rochers et les brisants; on le trouve toujours en pleine mer et dans les parages éloignés des recifs, dont le fond sablonneux ne présente aucune aspérité dangereuse. Du reste, toute l'histoire du nautile est une vraie merveille de la création; sa coquille, si légère qu'elle le charge à peine, lui sert de barque pour voguer à la surface des mers, et cette barque est d'une élégance inimitable. Le mollusque, par les contractions et les dilatations de son corps, sait lui donner la légèreté ou la pesanteur nécessaire pour la faire monter ou descendre dans l'abîme; il se laisse bercer par le vent quand le temps est calme; si la mer devient houleuse et que le choc des flots menace de mettre en pièces la fragile nacelle, l'animal, pilote et constructeur de son embarcation, sait la remplir d'eau, et la faire chavirer et disparaître tout à coup dans les ondes.

Les manœuvres que notre mollusque emploie dans sa navigation ajoutent encore au plaisir et à l'étonnement du spectateur; elles ont été du reste depuis fort longtemps observées, entre autres par Pline le naturaliste. On voit, dit-il, le nautile s'élever du fond de la mer en maintenant sa coquille dans une situation telle que la carène soit toujours en dessous et l'ouverture en dessus. Dès qu'il a atteint la surface de l'eau, sa barque est bientôt mise à flot, car il est pourvu d'organes au moyen desquels il fait sortir le liquide dont elle était remplie, et ainsi il la rend assez légère pour que les bords s'élèvent au-dessus du niveau de la mer. Alors il fait sortir de sa coquille deux bras qu'il élève comme des mâts; chacun d'eux est muni d'une membrane très fine, et d'un appareil pour la tendre et la resserrer au besoin : ce sont les voiles. Si le vent n'est pas favorable, il faut des rames; le nautile en dispose sur les côtés de sa barque : ce sont d'autres membres plus souples, allongés, capables de se plier et de se mouvoir dans tous les sens, et dont l'extrémité est constamment plongée dans l'eau. Rien n'arrête plus la navigation, et n'empêche le pilote de déployer ses talents; si quelque péril le menace, il replie sur-le-champ tous ses agrès et disparaît sous les flots.

Quoique l'on trouve assez souvent des coquilles vides de nautile flottant sur les mers ou jetées sur le rivage, soit parce que l'habitant a été dévoré, soit parce qu'il les a abandonnées volontairement, il est fort difficile de se procurer l'animal vivant dans sa demeure, à cause de la promptitude avec laquelle il plonge à la moindre apparence de danger : souvent le navigateur aperçoit de loin une flottille de nautiles qui s'avance sur les flots. il s'approche.

et tous ont disparu. On ne peut guère les prendre qu'en arrivant droit sur eux avec un bon vent, et en passant avec la plus grande vitesse au-dessous du mollusque, un filet ou tout autre instrument qui l'arrêtera au moment où il cherchera à se précipiter dans les profondeurs de la mer.

CHAPITRE II.

GASTÉROPODES.

Pour avoir une idée générale de cette classe, composée toute entière de mollusques sans coquilles ou à coquilles univalves, il suffit d'observer le Limaçon, qui en est le type. Tous, comme cet insecte si connu, ont le corps terminé en avant par une tête saillante, susceptible d'être repliée dans l'intérieur du corps, et sur laquelle apparaissent souvent deux petites cornes charnues nommées tentacules, au nombre de deux, quatre ou six, qui semblent être le siége du toucher, et d'une sensibilité extrême. Qui n'a remarqué comme au moindre contact, ou même à l'approche d'un corps qui pourrait le blesser, le limaçon retire ses cornes et rentre dans sa coquille?

Nous allons trouver dans le premier ordre, que l'on appelle celui des pulmonés, parce que seuls ils peuvent respirer à l'air libre, au moyen d'un poumon, les animaux qui seuls, parmi les mollusques terrestres, soient nuisibles à l'homme. On sait que la multiplication des limaces et des limaçons, dans les jardins humides où ils se plaisent, est un vrai fléau pour les plantes de toute espèce ; beaucoup moins délicats que les chenilles sur le choix de la nourriture, ils étendent leurs ravages sur bien des végétaux que celles-ci auraient épargnés. Sans doute le Créateur a eu son but en les plaçant près de nous avec un rôle si destructeur ; sans doute il a voulu que nous ayons à lutter contre ces petits ennemis, pour nous rappeler sans cesse que l'homme doit tout acheter par la vigilance, la patience et le travail ; du reste, il nous offre, dans l'organisation comme dans la manière de vivre de ces animaux qui paraît si simple et si monotone, de nouveaux sujets d'admiration, par l'harmonie des ressources avec les besoins, par la sagacité qu'il leur a donnée pour éviter, à force de précautions, les dangers auxquels ils ne pourraient jamais échapper par la force et la résistance.

Quelque mou que soit le corps de la limace et du limaçon, nous les voyons entamer sans peine des feuilles de toute espèce, et même des fruits sur lesquels ils sembleraient ne devoir passer qu'en laissant tout au plus une trace innocente de leur passage. Mais qu'on examine leur bouche avec attention, on verra combien elle a été organisée avec soin et perfection, pour que ces animaux puissent aisément prendre leur nourriture. Cette bouche est munie d'une dent unique, mais faite en forme de croissant, et tranchante sur le bord intérieur ; c'est une espèce de faucille que la bonne Providence a mise à la disposition d'un animal qui, sans elle, courrait risque de mourir de faim, au milieu des feuilles qu'il ne pourrait entamer : avec elle au contraire, il taille, coupe, morcelle à son gré; avec elle, il abat le fourrage qu'il dévore, et moissonne à sa manière. C'est ainsi que nous voyons les chenilles, munies d'une mâchoire solide, qui leur manquera à l'état de papillon, dès que cet organe ne leur sera plus nécessaire; c'est ainsi que nous voyons la jeune frigane porter un bec corné, pour rompre la prison où sa nymphe est enfermée; ainsi encore le jeune poulet, dans sa coquille, peut en briser la paroi avec le petit appendice osseux qui termine pour cet usage son bec délicat : partout c'est la même sollicitude, partout les mêmes soins de la Providence pour la conservation et pour le bien-être de ses créatures.

Nos lecteurs se sont demandé peut-être quelquefois pourquoi les limaces, si rares dans les temps secs, se trouvaient tout à coup répandues en abondance sur le sol, dès que la pluie avait mouillé la terre. C'est que le corps des limaces serait bientôt desséché si elles s'exposaient à l'ardeur du soleil ; leur instinct les avertit de se tenir cachées sous les pierres, dans les trous, dans la terre même, tant que la chaleur et la sécheresse pourraient leur nuire, et de ne sortir qu'au moment où une humidité suffisante s'est répandue dans l'atmosphère ; encore remarque-t-on que ces animaux préfèrent se diriger à travers les herbes et les plantes qui conservent toujours une plus grande fraîcheur. On sait combien leur marche, qui s'exécute par la contraction et l'allongement alternatif de leur corps, est lourde et traînante : on pourrait craindre qu'elle ne le devînt encore davantage, ou que l'animal même ne se blessât dangereusement quand il est obligé de franchir un terrain inégal et raboteux, mais nous savons que les ressources ne lui doivent pas manquer. Cette bave abondante que la limace répand sur son passage, est pour elle d'une utilité extrême, car elle lui procure un double avantage, celui de rendre la route plus glissante, et d'en amollir les aspérités.

Les limaçons ou hélices se distinguent des lima-

Hélice ou Limaçon.

ces, comme chacun sait, par la coquille qu'ils promènent avec eux ; c'est leur maison et leur défense. Comme toutes les coquilles, elle est produite par une sécrétion particulière de l'animal : elle s'augmente à mesure qu'il grandit, pour lui fournir toujours un abri suffisant. Pendant la mauvaise saison, un opercule se tend sur l'ouverture de la coquille, pour mettre l'animal à l'abri des injures de l'air, et le limaçon sait le faire disparaître quand les beaux jours sont revenus.

Le limaçon a servi d'objet à une foule d'expériences fort curieuses, tendant à établir, que, dans certains animaux, les parties les plus importantes, comme la tête, pouvaient se reproduire après avoir été entièrement coupées. Le célèbre Spallanzani avait assuré avoir observé ce phénomène sur les limaçons ; depuis on a répété les expériences, et plusieurs personnes, pour les avoir mal faites, Voltaire entre autres, et même des physiologistes beaucoup plus habiles, ont nié les résultats obtenus par Spallanzani ; au commencement de ce siècle, un savant français répéta encore, de la manière la plus complète, toutes les expériences ; il étudia les causes qui pouvaient les avoir fait manquer, et découvrit que, la plupart du temps, les limaçons mutilés n'étaient morts que parce qu'on les tenait privés de la nourriture sans laquelle la reproduction est totalement impossible. Il observa que lorsque l'on coupait la tête des limaçons, soit au-dessus, soit même au-dessous du cerveau, et qu'on mettait l'animal dans un lieu où il pût trouver les aliments convenables, il se reproduisait au bout d'un an ou deux une tête entière avec tous ses organes, différant de l'ancienne, seulement parce que la peau qui la recouvre est plus blanche et plus lisse. Ce savant assure qu'ayant coupé la tête à deux cents limaçons, et les ayant jetés dans un endroit humide de son jardin, il aperçut à tous les individus qu'il put retrouver à la fin de la belle saison, et dont il avait marqué avec soin la coquille, une tête nouvelle, assez semblable à un grain de café, qui avait déjà quatre petites cornes, une bouche et des lèvres. A la fin de l'été suivant, les têtes étaient parfaitement reproduites. Quelle étonnante ressource la Providence a donc fournie à ces animaux contre les dangers qui les entourent; il leur arrivera souvent d'être mutilés par le bec d'un oiseau, le choc d'un corps dur, l'outil d'un laboureur; qu'importe! l'organe blessé ou détruit va reprendre une vie nouvelle! Cette merveilleuse faculté de reproduction, du reste, s'observe, dans les animaux, à un degré d'autant plus considérable qu'ils ont moins de moyens de se soustraire aux périls; les êtres forcés à une immobilité à peu près complète, peuvent réparer leurs pertes d'une manière vraiment prodigieuse, et se multiplier même par les moyens qui sembleraient devoir les détruire : Bonnet, célèbre naturaliste genevois, a coupé des vers d'eau douce en vingt-six parties; il a reconnu que chacune reproduisait un animal complet; ainsi il montra que, d'un seul individu de deux pouces de long que l'on couperait en huit parties, et celles-ci successivement en un même nombre à mesure qu'elles seraient devenues parfaites, on aurait, au bout de la quatrième année, 52,768 êtres nouveaux!

Les limaçons peuvent être de quelque usage à l'homme; les grosses espèces, comme le limaçon de vigne, servent à la nourriture dans quelques pays. Pline rapporte que les Romains en faisaient une grande consommation et les recherchaient beaucoup sur leurs tables; ils les faisaient venir de contrées fort éloignées, des îles de la Méditerranée et même de l'Afrique, pour se procurer les meilleures espèces. Ils les enfermaient dans des espèces de garennes, et ils avaient des procédés pour donner à leur chair une saveur et une délicatesse particulières. Maintenant encore il est des contrées où on mange les limaçons boucanés, c'est-à-dire séchés à la fumée.

A Paris et dans les grandes villes on en voit beaucoup sur les marchés ; si on ne les emploie pas pour la nourriture, on s'en sert comme remède, et on en fait des bouillons que l'on prétend fort salutaires aux personnes attaquées de certaines affections de poitrine. Il faut recevoir avec moins de confiance les assertions de quelques auteurs qui ont voulu donner les limaçons comme un spécifique infaillible contre plusieurs autres maladies, sur lesquelles il est probable qu'ils n'ont que fort peu d'influence.

Si les avantages des limaçons sont assez peu considérables, il n'en est pas de même de leurs dégâts ; quand ces mollusques sont en grand nombre, ils peuvent détruire en une nuit tout le semis d'une planche de légumes, dont ils rongent aisément les feuilles tendres encore : ils attaquent aussi les plus beaux fruits, comme les limaces, ils choisissent même les plus succulents, les plus prêts à mûrir. et les détruisent bientôt eux-mêmes, ou ils en hâtent la destruction en les livrant demi-entamés aux guêpes, aux mouches, aux faucheurs, qui ne tardent pas à les achever, quand la pluie ne s'est pas déjà chargée de les pourrir. On a dû chercher avec soin les moyens de détruire les limaçons et les limaces, ou de les empêcher du moins d'arriver jusqu'aux fruits ; le meilleur moyen comme le plus simple. est de leur faire activement la chasse le matin ou le soir, ou après la pluie, et de les écraser plutôt que de les couper avec un instrument tranchant, car nous avons vu qu'on s'exposerait à ne pas les faire périr. Du reste, on peut les empêcher de se multiplier dans un jardin, en ayant soin de tenir toujours les murs bien crépis, sans lézardes où ils aimeraient à se retirer, en bannissant les bordures touffues, comme celles de buis où ils trouvent encore un asile, enfin en ayant soin de n'y pas conserver longtemps de tas de pierres et d'herbes, à moins qu'on n'en dispose exprès quelques uns pour les y attirer et les détruire ensuite plus facilement. Dans les pays que leur humidité rend favorables à la reproduction de ce fléau du jardinage, on peut toujours préserver quelques arbres à fruit isolés, en enduisant une petite partie du tronc avec une matière visqueuse, qui arrête les limaçons et les limaces au passage, aussi bien que les fourmis et plusieurs autres insectes nuisibles. On peut encore répandre autour de l'arbre une certaine quantité de cendre, qui est fatale à nos mollusques, parce qu'elle dessèche leur corps, et les met en danger de périr en bouchant les pores de leur peau.

On connaît un grand nombre d'espèces d'hélices dont plusieurs se rencontrent fréquemment dans nos campagnes ; on les reconnaît à leur couleur et à leur forme : nous citerons les principales.

L'hélice chagrinée, ou la *jardinière*, de couleur jaune fauve, traversée par quatre larges bandes brunes, espèce fort commune dans les jardins, où elle fait de grands dégâts.

L'hélice sylvatique, ressemblant à la précédente, mais habitant de préférence les bosquets et les forêts.

L'hélice némorale, vulgairement la *livrée*, dont la coquille est couverte de plusieurs bandes jaunes et brunes, et que l'on trouve presque partout.

L'hélice vigneronne, beaucoup plus grosse que les précédentes, revêtue d'une coquille fort dure et fort solide, rayée transversalement de bandes roussâtres ; on la rencontre ordinairement dans les vignes ; c'est elle surtout que l'on voit dans les marchés, et qui sert à faire les bouillons de limaçons.

L'hélice ruban, à coquille variée de blanc et de brun. Les variétés nombreuses de cette espèce, ne recherchent pas, comme les autres hélices, les lieux frais et humides ; on les trouve au contraire dans les lieux secs, rocailleux, surtout sur les gazons exposés au soleil, pour que les limaçons ne manquent nulle part.

On trouve en grande quantité, dans tous les étangs, dans toutes les mares, des coquillages assez semblables à ceux des limaçons ; les principaux sont les limnées et les planorbes. On les voit souvent flottant à la surface de l'eau, ou rampant sur les plantes aquatiques dans une position presque toujours renversée, c'est-à-dire le pied en haut et la coquille en bas ; ces mollusques se nourrissent de substances végétales, surtout de plantes aquatiques qu'ils tranchent à la façon des limaces, avec une dent pareille. Pendant l'hiver, ils tombent dans une espèce de torpeur et s'enfoncent assez profondément dans la vase. Ils ont soin de déposer leurs œufs dans les endroits où leurs petits trouveront de la nourriture en naissant ; ils ne nous sont ni nuisibles ni utiles ; mais ils paraissent destinés à servir de nourriture aux poissons, qui les recherchent avidement et en dévorent une grande quantité.

Sans décrire les autres espèces de limaçons, jetons un coup d'œil sur les gastéropodes marins, dont quelques uns sont assez remarquables par la forme de leurs coquilles. Les aplysies, ou lièvres marins, ou limaces de mer, n'ont pour toute coquille qu'une lame intérieure qui protége les organes de la respiration ; du reste, ce sont de gros mollusques de la Méditerranée et de l'Océan, qui ont dû leur nom de lièvres marins à la forme de deux tentacules larges, dressées à la partie antérieure et imitant l'oreille d'un quadrupède ; la mollesse de leur corps ne les empêche pas d'être au nombre des habitants de la mer les mieux pourvus de moyens de défense ; ils laissent suinter une liqueur dont l'odeur, extrêmement désagréable, suffit pour écarter la plupart de leurs ennemis, et dont la couleur trouble assez l'eau pour les rendre invisibles. Quand ils sont en repos, ils n'ont pas besoin de se fatiguer à répandre leur liqueur protectrice ; une sorte de métamorphose complète s'opère en eux, et les rend méconnaissables. Leur corps se contracte en une masse épaisse et informe, au milieu de laquelle la tête, les yeux, les tentacules disparaissent à la fois ; on ne voit plus rien de ce qui révèle la présence d'un animal vivant, et le lièvre marin ne semble plus qu'un amas de chair corrompue qui doit peu tenter l'appétit.

Les patelles ont une coquille plus complète ; elle est en forme de soucoupe ou de petit-plat, ce qui a fait donner à ces animaux le nom qu'ils portent (patella, petit-plat). Quoique cette coquille ne recouvre l'animal que d'un côté, il sait néanmoins

s'en faire l'abri le plus sûr et le plus protecteur.
Son pied est muni d'une grande quantité de fibres
verticales, qui, en soulevant la partie centrale,
tandis que les bords sont appliqués contre le corps
où s'appuie l'animal, forment une puissante ventouse qui fait adhérer la patelle avec une force extrême aux pierres les plus lisses; la mer peut bat-
tre avec furie les rochers, jamais la vague la plus
terrible ne détachera une patelle; quelquefois on

FIGURE 4.

Patelle vulgaire.

peut la faire tomber de la pierre où elle est fixée,
en lui donnant un coup assez brusque pour la détacher avant qu'elle n'ait eu le temps de faire agir
sa ventouse; mais, qu'on vienne à la toucher, fût-
ce avec une légèreté extrême, le mollusque est
averti : il fait le vide, colle sa coquille au rocher
avec assez d'énergie pour qu'elle ne fasse pour
ainsi dire qu'un avec lui; alors il n'est guère
d'efforts qui puissent l'enlever. On brisera la
coquille du mollusque avant de l'avoir obligé à

lâcher prise. On a suspendu à une patelle un poids de plusieurs livres, et le petit animal le supporta fort longtemps avant de tomber de fatigue.

Les patelles vivent toujours sur les rivages de la mer, qu'elles ne quittent jamais, afin de ne pas s'éloigner des plantes marines qui y croissent avec abondance, et dont elles font leur nourriture. Du reste, quelque fixes qu'elles paraissent, elles ne restent pas toujours immobiles : elles peuvent se déplacer, mais leurs mouvements sont si lents qu'il n'est guère possible de les apprécier à l'œil ; seulement, au bout d'un certain temps, on peut remarquer la petite distance que l'animal a parcourue. Quand elles sont en repos, on les trouve ordinairement dans de petites excavations qu'elles se creusent pour être mieux protégées encore contre le mouvement de la mer et contre le choc des corps que les vagues roulent avec elles. On trouve plusieurs espèces fort communément sur nos côtes, et il n'est aucun de nos jeunes lecteurs qui, en allant visiter quelque port de mer, ne trouve à la marée basse une grande quantité de ces petits coquillages collés aux rescifs que la mer laisse à sec, et dont peut-être, malgré tous ses efforts, il ne pourra parvenir à détacher un seul.

Nous arrivons à un ordre de mollusques appelés les pectinibranches, parce qu'ils respirent tous à l'aide de branchies en forme de peignes, et parmi lesquels se trouvent sans contredit les plus remarquables par la forme, la couleur, la beauté de leurs coquilles : ce sont les toupies et les sabots, ainsi nommés à cause de l'analogie que leur forme présente avec ces jouets : coquillages communs dans les collections où on les recherche à cause de leurs belles teintes, de leur configuration gracieuse et de la nuance nacrée si remarquable qu'ils offrent à l'intérieur. Ce sont encore les porcelaines, que le poli et l'éclat de leur surface ont fait ainsi désigner. Il n'est personne qui n'ait vu quelqu'une de ces coquilles qui ornent toutes les collections, dont plusieurs des belles espèces obtiennent l'honneur de figurer sur nos cheminées, dont jadis les peuples se sont servis comme de monnaies, après qu'on eut renoncé dans le commerce à la voie exclusive de l'échange, mais avant qu'on n'employât des valeurs réelles. L'une des porcelaines les plus communes, est la porcelaine jaune et brune qui paraît couverte de flocons de neige sur un fond fauve.

Les cônes ou cornets ressemblent assez aux por-

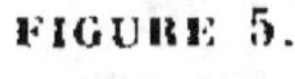

FIGURE 5.

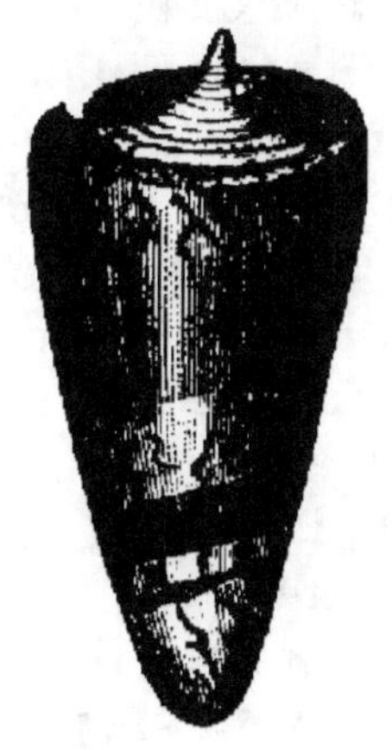

Cône flamboyant

celaines, quoiqu'on les en distingue aisément par leur forme plus allongée, et parce que leur bord est mince et tranchant, au lieu d'être roulé comme dans les porcelaines. Les noms ambitieux dont on se sert pour les désigner, suffit à faire comprendre quel rang ces coquillages occupent parmi les plus recherchés. Aux titres magnifiques de *cedo nulli*, d'*impérial*, de *royal*, de *gloire de la mer*, on a joint ceux de *cardinal*, d'*archevêque*, d'*évêque*, les variétés secondaires obtiennent les noms de *vicaire*, *gouverneur*, *ambassadeur*, et elles sont si nombreuses qu'en ayant recours à toutes les hiérarchies ecclésiastiques, civiles et militaires, on a eu beaucoup de peine à les désigner toutes. Comme il faut quelques préparations particulières pour conserver à leurs teintes tout leur éclat, les coquilles de ce genre, qui réunissent toutes les perfections, sont rares et d'un prix élevé. Au commencement du XVIIIe siècle, un cône *cedo nulli* fut vendu plus de 1,000 francs ; il est des espèces qui aujourd'hui coûteraient trois ou quatre fois autant. Les volutes rivalisent de beauté avec les précédentes, dont elles ne diffèrent que par leur ouverture plus évasée. Un genre voisin, et bien autrement célèbre dans l'antiquité, est celui des pourpres, d'où l'on tirait cette belle couleur rouge si chère et si recherchée. On verra sans doute avec plaisir ce que les anciens ont dit sur cet animal, dont le produit jouait un si grand rôle dans l'industrie des Phéniciens, par exemple. Selon Pline, « il y a deux genres de coquilles qui fournissent les couleurs propres à la teinture, couleurs qui ne diffèrent que par la nuance : l'une est un buccin, ainsi appelée à cause de sa ressemblance

avec les trompettes de guerre ; l'autre est la pourpre
proprement dite, hérissée d'aiguillons qui ne se trou-

FIGURE 6.

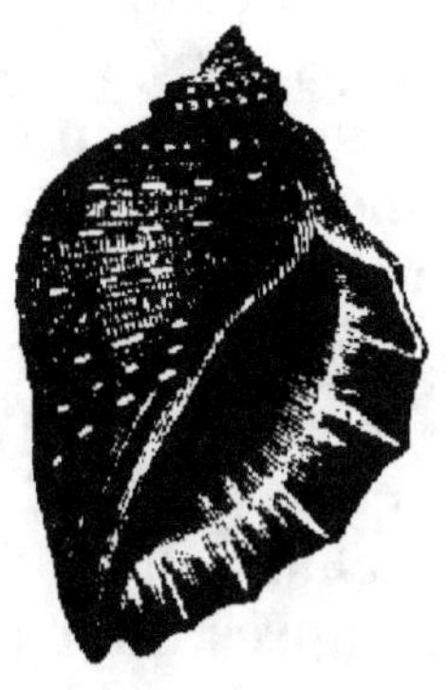

Pourpre persique.

vent pas dans le buccin. On distingue les pourpres
par les lieux qu'elles habitent et les substances dont
elles se nourrissent. Celles qui vivent dans la vase
et parmi les algues sont peu estimées, tandis que
celles des rivages sablonneux sont très recherchées.
Les meilleures variétés sont celles qui se nourrissent indifféremment sur toute sorte de terrains.

« On les prend à l'aide de petits filets en forme de
nasses à mailles peu serrées, que l'on jette dans la
haute mer. On y met pour appâts des coquillages
bivalves susceptibles de s'ouvrir et de se fermer,
ou des moules qui, à demi mortes, se raniment
aussitôt qu'on les remet·à la mer et ouvrent à l'instant leur coquille. Les pourpres, friandes de leur

chair, les attaquent en y enfonçant leur trompe ; mais bientôt les moules se referment et retiennent les pourpres qui les mordent, en sorte que, victimes de leur avidité, celles-ci sont enlevées encore suspendues à leur proie. L'époque la plus avantageuse pour faire cette pêche est pendant la canicule ou avant le printemps, parce que, lorsque les pourpres ont frayé, leurs sucs sont trop liquides.

« Pour employer les pourpres à la teinture, on commence par leur enlever une vessie située entre le cou et le foie, et on ajoute vingt onces de sel à cent livres de la matière qu'on en retire. On laisse le tout macérer pendant trois jours ; on fait bouillir dans une chaudière, et on entretient une chaleur modérée, après quoi on écume les chairs qui étaient nécessairement restées attachées à la vessie, on soutire la liqueur et on y plonge la laine que l'on continue de chauffer pendant quelque temps. Le buccin mêlé avec la pourpre produit cette belle couleur d'écarlate que l'on recherche surtout. On emploie ordinairement deux cents livres de buccin pour cent livres de pourpre dans ce mélange. Différentes préparations produisent différentes teintes, et cette superbe nuance que l'on nomme améthyste, et la teinture tyrienne, qui a fait comparer la couleur du sang à celle de la pourpre. »

Ces préparations coûtaient un prix énorme, non pas à cause de la rareté du mollusque, mais à cause de la petite quantité de liqueur que chacun produit ; il fut un temps, où la plus belle pourpre de Tyr coûtait jusqu'à mille deniers ou neuf cents francs la livre. Heureusement que les modernes ont trouvé le moyen de remplacer avantageusement cette teinture, dont la cherté a toujours restreint considérablement l'emploi. La cochenille maintenant fournit abondamment les couleurs rouges qui servent à teindre les étoffes, et on a tellement négligé l'usage de la véritable pourpre, qu'on a perdu le secret, bien connu autrefois, de la fixer sur les tissus.

On remarque encore parmi les gastéropodes, outre les buccins dont nous avons dit quelques mots à l'occasion des pourpres, les casques et les rochers. Les casques, ainsi que leur nom l'indique,

FIGURE 7.

Casque triangulaire.

ont quelque ressemblance avec l'armure de tête des guerriers ; ils vivent dans la mer à peu de distance des côtes, et savent s'enfoncer dans le sable, soit pour se mettre à l'abri des attaques de leurs ennemis, soit pour tromper plus facilement les animaux dont ils font leur nourriture. L'espèce la plus célèbre, le casque tricoté, a encore reçu les noms de tête de bœuf et de fer à repasser. On explique aisément cette bizarrerie : chacun sait que la demeure du mollusque s'agrandit à mesure que son corps devient plus volumineux. D'abord il a la forme d'un casque, plus tard il prend celle d'une tête de bœuf; enfin il se forme sous cette même coquille une plaque mince et aplatie qui lui donne certains rapports avec un fer à repasser. Les Rochers, es-

FIGURE 8.

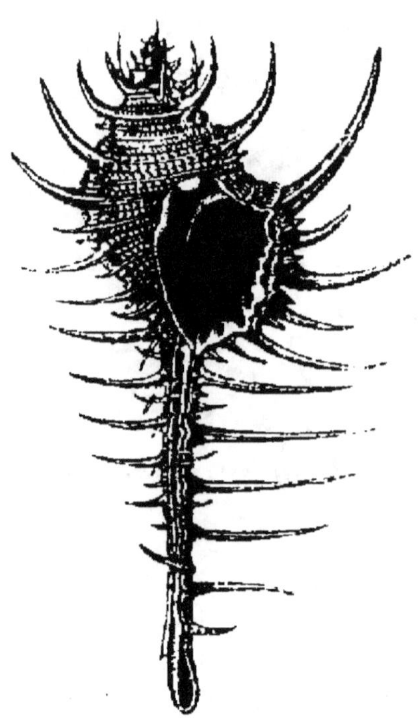

Rocher forte-épine.

pèce voisine des Casques, méritent d'attirer les re-

gards, à cause de la variété de leurs formes, plus
que par la beauté de leurs couleurs, ternes en général ; ils se distinguent par le canal saillant, qui
s'étend à la suite de l'ouverture de la coquille, et
qui est revêtu de tubercules fort durs. Cette disposition jointe à l'extrême épaisseur de leur coquille,
leur donne une solidité extraordinaire , qui leur a
valu leur nom significatif, et qui les met en état de
fréquenter les parages entourés de rescifs, où ils
trouvent une nourriture abondante, sans craindre
que leur demeure ne soit brisée par les rocs dont
ils habitent les cavités.

CHAPITRE III.

ACÉPHALES.

Cette classe comprend une quantité innombrable de coquilles vivantes, et au moins autant de coquilles fossiles (Voir *la Géologie*), répandues souvent en bancs énormes, et pressées par millions dans les couches qui forment l'enveloppe solide du globe. Tous les animaux vivants de cette classe, distingués des autres par le défaut de tête apparente, ne possèdent pour organe de la manducation qu'une simple ouverture, qui sert à introduire les molécules nutritives dont ils se nourrissent ; mais comme ils sont incapables pour la plupart de faire le moindre mouvement de progression, ils périraient infailliblement de faim si l'élément où ils vivent ne leur apportait lui-même leurs aliments : aussi les trouve-t-on tous dans l'eau, dont les mouvements leur amènent des particules nutritives, qu'il savent d'ailleurs attirer, en excitant un petit tourbillon dont leur bouche est le centre. Ces ressources sont faibles sans doute, mais la Providence y a proportionné leurs besoins, et par sa sollicitude, l'huître prolongera sa vie monotone et obscure, avec autant de sécurité et de bien-être, que les plus légers et les plus brillants habitants des ondes.

La faculté de se mouvoir étant nulle ou à peu près nulle chez les acéphales, ils seraient exposés sans défense aux attaques des plus faibles ennemis, s'ils n'avaient reçu une enveloppe solide, capable de les protéger : leur demeure est plus sûre encore que celle des gastéropodes, logés dans une coquille univalve et par conséquent toujours ouverte d'un côté ; celle des acéphales est bivalve, elle peut s'ouvrir au gré de l'animal, à l'aide d'un ligament élastique ; mais aussi elle peut se tenir hermétiquement fermée, et l'huître, retirée dans son logis, est mieux à l'abri que la patelle collée contre le roc qui soutient sa coquille.

Le genre d'acéphales le plus célèbre est celui des Huîtres, si recherchées sur nos tables, et dont la pêche forme une branche de commerce considérable. On sait quelle prodigieuse consommation s'en fait dans les grandes villes, et surtout à Paris. Il est des amateurs d'huîtres, qui en mangent jusqu'à cent douzaines, sans être en aucune façon incommodés, car la chair de ces animaux est des plus faciles à digérer, quand on les mange crus et frais. Les huîtres, du reste, n'ont pas les bonnes qualités qui les rendent si précieuses ; en sortant de la mer, il faut leur faire subir un certain régime, qui les rend plus savoureuses et plus faciles à digérer.

Les huîtres livrées au commerce dans une grande

partie de l'Europe proviennent de la baie de Cancale, sur les côtes de la Manche, entre le mont Saint-Michel et Saint-Malo. Le fond de cette baie est uni et sans courant : il y existe un banc d'huîtres si abondant, qu'on y permet la pêche à tous les peuples, excepté dans l'été, saison où les huîtres se multiplient, et où d'ailleurs elles ont un goût désagréable. La pêche des huîtres se fait de différentes manières, suivant les parages qu'elles habitent. Dans ceux où les bancs ne sont qu'à une médiocre profondeur, on les prend à la drague, espèce de grand rateau de fer derrière lequel est attachée une vaste poche en cuir, et qui est traîné par un bateau allant à toutes voiles. En ratissant ainsi la surface du banc, on peut en prendre d'un coup jusqu'à onze ou douze cents. A la saison de la pêche, des flottilles de bateaux pêcheurs se dirigent dans la baie de Cancale pour y faire leur cargaison ; il suffit de deux hommes pour la conduite du bâtiment et la manœuvre de la drague, qui pèse ordinairement dix-huit livres. Dans plusieurs parages, la pêche est faite par des plongeurs ; entre les tropiques on coupe des branches flottant dans la mer, qui se chargent de coquillages. Aux îles Minorques les huîtres sont abondantes, mais attachées assez profondément aux rochers. On voit sur la côte des plongeurs habiles, après une courte prière, se jeter à l'eau avec un marteau attaché à la main droite, et recueillir un certain nombre d'huîtres dont ils chargent leur bras gauche, quelquefois à dix brasses de profondeur, et rapporter chaque fois une petite provision ; mais cet exercice est très fatigant, il ne peut être répété qu'à des intervalles assez longs, encore les pêcheurs doivent-ils faire un usage fréquent de liqueurs fortifiantes. Pourtant deux plongeurs, travaillant de concert, réussissent en une pêche à charger leur bateau. Quand les huîtres sont prises, il faut les mettre en réserve dans des parcs, qui doivent être à l'abri du vent, pour éviter l'agitation de l'eau et l'introduction des grains de sable dans la coquille ; il faut que le fond ne soit pas vaseux, et qu'il soit tapissé de galets, pour que l'animal perde le goût de limon, qu'il a plus ou moins en sortant de la mer ; si l'eau ne se renouvelle pas à chaque marée, comme dans les parcs de Saint-Vast et d'Etretat, on doit y faire entrer une masse d'eau assez considérable, pour éviter que les pluies n'y mêlent une trop grande proportion d'eau douce, qui fait promptement mourir les huîtres. Celles-ci doivent être placées dans le parc, sur un talus, dans leur position naturelle, c'est-à-dire la valve bombée en-dessous, afin qu'elles puissent s'ouvrir commodément ; il faut que l'eau soit assez profonde pour les mettre à l'abri des variations de la température, mais non pas assez pour qu'elles soient hors de la vue de *l'amareilleur*, qui doit enlever toutes les huîtres mortes, qu'il reconnaît aisément, car elles restent entrebâillées quand on a retiré l'eau du parc. En général ce parc communique avec la mer par un petit canal muni d'une vanne. On voit des parcs ainsi disposés à Saint-Vast, à Dieppe, à Etretat, à Courseul, à Marennes.

Les huîtres les plus estimées comme les plus chères sont les huîtres vertes. On croirait faussement qu'elles sont d'une espèce particulière : toutes sont blanches quand on les pêche dans la mer, mais on les fait verdir dans les parcs par des procédés particuliers. Ainsi, dans les environs de Marennes, d'où viennent les meilleures huîtres vertes, on va prendre à la main sur des rochers les individus qui n'ont qu'un an, dont on connaît l'âge à la grandeur et au nombre des aspérités de la coquille ; on les place ensuite avec le plus grand soin dans des parcs disposés d'une manière toute particulière, et où l'on ne laisse que fort peu d'eau de mer mêlée avec un peu d'eau douce. Les huîtres y restent ordinairement plus d'une année ; au bout de ce temps elles ont acquis toute leur couleur, toutes leurs qualités, et on peut les livrer au commerce. On ne sait encore à quoi attribuer la teinte verte qu'elles prennent dans ces parcs ; ce qu'il y a de certain, c'est que, comme on l'a dit quelquefois, elle ne vient pas des herbes dont on nourrirait les huîtres : celles des parcs comme celles de la mer ne se nourrissent que des particules presque invisibles que l'eau de mer porte avec elle. La coloration que l'eau elle-même contracte, après un séjour de quelque temps dans le parc, pénètre sans doute la substance spongieuse de l'animal.

Plusieurs mollusques, sans être bons à manger comme les huîtres, ont aussi leurs particularités remarquables. Ce sont les Peignes, dont la coquille demi-circulaire est garnie de côtes fort apparentes, et qui peuvent faire quelques mouvements, quoique d'une manière fatigante et pénible, en agitant leurs valves de côté et d'autre. La chair des peignes est coriace et d'un goût peu agréable ; mais leurs coquilles, dont les dimensions sont assez considérables, ont la propriété de résister aisément au feu ; aussi les a-t-on quelquefois employées en guise d'assiettes.

Les Jambonneaux, ainsi nommés à cause de leur ressemblance grossière avec un jambon, se reconnaissent à la longueur et à la finesse des filaments, à l'aide desquels ils s'attachent aux rochers dans la mer. Les habitants de la Sicile les recherchent, moins pour les manger que pour recueillir leurs fils, avec lesquels on fabrique un tissu d'une souplesse et d'une chaleur étonnantes. Ces fils sont excessivement fins et d'une égalité de diamètre parfaite ; il est impossible de les teindre, mais aussi ils ont naturellement une teinte dorée qui ne s'altère jamais. Les anciens connaissaient cette soie marine, et dans les parties méridionales de l'Italie quelques familles s'occupent encore à en fabriquer des gants, des bas et même des habits ; mais le grand nombre de mollusques qu'il faut employer pour faire une seule paire de gants, rend tous ces tissus fort chers. Malgré leurs précieuses qualités, l'usage n'a jamais pu en être général, et maintenant ce ne sont plus guère que des objets de curiosité, achetés de temps en temps par les voyageurs.

On pourrait comparer à d'énormes huîtres, dont les coquilles seraient garnies de fortes dentelures, les mollusques appelés Tridacnes ou Bénitiers. L'espèce la plus remarquable est la Tridacne Géante, le grand Bénitier ou la grande Tuilée, nom qu'elle doit à la conformation extérieure de sa coquille, qui a l'apparence d'un toit recouvert de tuiles. Cette immense coquille peut atteindre une longueur de quatre à cinq pieds, et peser près de cinq cents

livres. On en voit un bel échantillon dans l'église
de Saint-Sulpice à Paris : ses deux grands bénitiers sont composés chacun d'une valve de tridacne géante. Cette coquille est depuis longtemps
célèbre. La république de Venise en fit autrefois
hommage à François Iᵉʳ, et c'est Louis XV qui l'a

FIGURE 9.

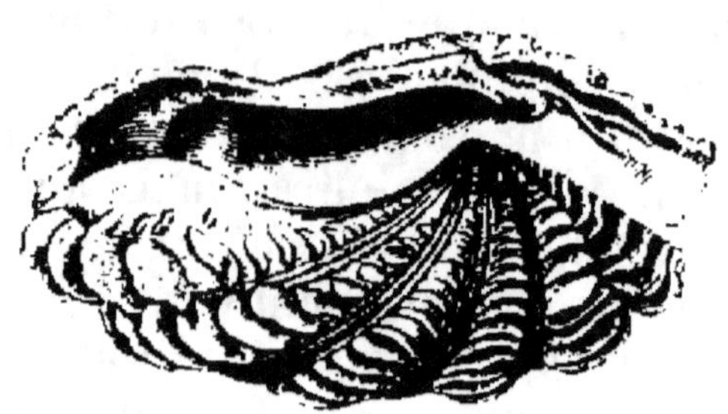

Tridacne bénitier.

donnée à l'église de Saint-Sulpice. D'autres églises
en possèdent, mais qui sont loin d'atteindre des
dimensions pareilles.

Les tridacnes se trouvent dans les mers du sud.
Les naturels de quelques îles s'en servent pour
faire des haches, en usant obliquement le bord
d'un morceau de coquille pris dans le sens des côtes. Que de productions naturelles paraissent à un
regard ignorant de purs objets de curiosité, et que
pourtant la Providence donne à l'industrie hu-
maine pour être utilisées de mille manières. Aurait-
on cru que la mer fournissait des coquilles assez
fortes, assez dures pour remplacer le fer ? Que de

richesses nous avons vues semées dans le sein du vaste Océan ; que d'aliments utiles , que d'objets agréables à la vue, précieux pour l'industrie , et cependant nous n'avons pas encore épuisé les trésors que le Créateur a voulu y déposer pour le bien-être et même pour le plaisir de l'homme! La mer a aussi dans ses abîmes ses mines vivantes de pierreries , que depuis longtemps on sait exploiter, et qui produisent d'immenses revenus. Un mollusque analogue à l'huître, la Pintadine Margaritifère, ou huître à perles , produit la plus belle nacre, et les perles à la couleur si pure et si douce, aux reflets si chatoyants et si tendres, qu'on admire dans les plus riches parures.

La perle n'est pas un produit ordinaire de l'animal qui la fournit ; la plupart n'en ont aucune dans leurs coquilles, ou n'en ont que de fort petites , elles proviennent d'une sécrétion particulière du mollusque , qui s'opère à la suite de certains accidents ; et on a réussi à faire naître des perles à volonté , en faisant à l'animal quelque petite blessure.

C'est dans le voisinage de l'île de Ceylan , que se trouve le plus grand nombre d'huîtres à perle. Afin de ne pas détruire inutilement une multitude d'individus , on partage le banc en sept portions , dont chaque année une seule est exploitée , parce qu'on pense qu'en ce temps le mollusque et les perles qu'il peut renfermer auront atteint tout leur accroissement. Au mois d'octobre qui précède la pêche , on fait descendre quelques plongeurs pour connaître l'état du banc , et , au mois de février suivant . la pêche commence. A dix heures du soir , un signal est donné par le canon, et toutes les barques mettent à la voile, pour se trouver le lendemain matin au-dessus du banc d'huîtres. Dès que le soleil s'élève sur l'horizon, les plongeurs, habitués dès l'enfance à leur pénible métier, vont se mettre à l'œuvre. On a fait, à côté du bateau, une espèce d'échafaudage à jour, auquel est suspendue une pierre à plonger, qui descend de cinq pieds dans l'eau; le plongeur, avec un morceau de toile autour des reins, se met à l'eau, en plaçant son pied dans un étrier attaché à la partie inférieure de la pierre, et se soutient un instant pour recevoir un filet en forme de panier dans lequel il place son autre pied. A la main il tient la corde du panier et celle de la pierre, qu'un nœud empêche de couler. Quand tout est prês, il donne une secousse qui dérange le nœud, la pierre s'enfonce, et le plongeur disparaît à l'instant en mettant une main sous ses narines, pour empêcher l'eau d'y pénétrer. Arrivé au fond, il se hâte de retirer son pied de l'étrier, et l'on fait remonter la pierre, tandis que le pêcheur, passant le filet à son cou, se jette la face contre terre, et ramasse tout ce qu'il peut atteindre. Quand il se sent pressé par le besoin de respirer, et il y a des plongeurs qui restent pendant deux ou trois minutes sous l'eau, il tire fortement la corde qui le retient, et on le hisse avec la plus grande vitesse à la surface. En une minute et demie, un habile pêcheur a pu recueillir jusqu'à cent cinquante huîtres. Il se repose quelque temps pendant que ses compagnons plongent à leur tour. On a remarqué que, pendant ce rude exercice, les plongeurs éprouvaient des sai-

gnements de nez et d'oreilles qui les soulageaient
beaucoup. Du reste, ils acquièrent une telle habitude de leur métier, qu'ils s'y occupent quelquefois pendant six heures de suite, ne se plaignant
jamais que du défaut d'huîtres à recueillir.

La pêche continue ainsi jusqu'à midi ; alors un
coup de canon annonce le retour des barques. On
dépose les coquilles dans des fosses peu profondes
ou sur des nattes. Au bout de quelque temps, l'ouverture des valves annonce que les animaux sont
morts ; on se met alors à chercher avec soin dans
toute la coquille les perles qui peuvent s'y trouver :
les plus belles coquilles sont mises à part pour fournir la nacre, et le reste, jeté sur le rivage, s'y cor-
rompt bientôt ; cependant on voit les pauvres gens
accourir à la hâte, pour chercher au milieu de ces
matières fétides quelques restes de la riche moisson
qui vient de se faire.

Il ne reste plus qu'à choisir et à nettoyer les
perles : celles qu'on a trouvées libres dans la coquille, sont promptement préparées et enfilées pour
être transportées. Les perles attachées à la coquille,
sont séparées avec soin, mais il faut, avant de les
livrer au commerce, les polir à l'endroit de la sé-
paration, et faire disparaître la petite cicatrice qui
en résulte, au moyen d'une poudre fournie par les
perles elles-mêmes.

Les perles réunissent rarement toutes les qualités
qui les rendent parfaites, c'est-à-dire une forme
régulière ovale ou ronde, une belle eau, ou
une teinte blanche à reflets brillants, et une
grosseur un peu remarquable. Quand par hasard
elles ne laissent rien à désirer sous ces différents

rapports, elles coûtent un prix excessif. On vend beaucoup moins cher les perles *baroques* et irrégulières, et les semences de perles ou perles fort petites. On a tenté plusieurs fois d'imiter artificiellement ce riche produit de la nature. Un moyen singulier, employé en Chine, c'est de percer la coquille de l'huître à perle avec un morceau de fil de fer, et de la remettre en place ; il se forme bientôt autour de la pointe du fil, une perle qui s'agrandit peu à peu, et qui devient parfois assez belle. Les fausses perles que les enfants connaissent si bien, ne sont que de petits globules de verre creux, où l'on introduit une gouttelette d'*essence de perles*, tirée des écailles argentées de l'ablette.

Le nom des huîtres dont nous nous sommes occupés si longtemps, rappelle celui des Moules, qui servent au même usage, mais qui sont bien loin d'avoir les mêmes qualités. Convenablement assaisonnées, les moules cependant sont un fort bon mets ; il est beaucoup de personnes qui les mangent crues avec plaisir ; malheureusement elles peuvent occasionner d'assez graves indispositions, dont on n'a pas encore bien reconnu la cause. Quelques personnes les attribuent à un petit crustacé qui vit fréquemment dans l'intérieur des moules ; d'autres pensent qu'elles sont produites par l'altération de la chair du mollusque lui-même, attaqué d'une certaine maladie. Quoi qu'il en soit, comme ces accidents ne se renouvellent pas très-fréquemment, on n'en consomme pas moins une énorme quantité de moules, et elles fournissent une véritable ressource aux pauvres habitants des côtes de l'Océan. À la marée basse, les femmes et les enfants vont

les recueillir parmi les rescifs, où elles sont souvent fort communes. On peut aussi réunir les
moules dans des parcs où elles se multiplient
assez rapidement. On ne mange que les moules
marines ; on trouve, dans les rivières et les
étangs, plusieurs espèces voisines, caractérisées
par leur grande taille, mais dont on ne fait aucun
usage.

Parmi les acéphales se trouve une espèce assez
remarquable par sa forme, les Solens, ou Manches à
couteau ; ces mollusques sont revêtus d'une coquille bivalve, mais tellement allongée qu'elle
ressemble à un canal, ou à un manche de couteau
cylindrique, mais un peu aplati. Ils vivent tous à
peu de distance du rivage, et se creusent des trous
dans le sable ; quand le trou est achevé, tous
les mouvements de l'animal se réduisent à y monter et descendre pour chercher sa nourriture ; il
parvient à exécuter ce manége, qui paraît assez
difficile pour un animal à coquille bivalve, en
faisant sortir son pied charnu qui s'élargit à la
volonté du mollusque, quand il faut monter, et qui
se rétrécit au contraire pour descendre. Quand on
l'a tiré de son trou, il se hâte d'y rentrer, mais il
ne le peut qu'avec beaucoup de peine, car déposé
horizontalement sur le sol, il faut absolument
qu'il dresse sa coquille. On le voit courber et enfoncer dans l'ouverture l'extrémité de son pied, et
s'efforcer de soulever la coquille en roidissant le pied
pour lui servir comme de levier ; à peine la coquille a-t-elle une inclinaison suffisante, qu'il en
introduit l'extrémité dans le trou ; alors il étend
son pied le plus loin et le plus droit possible,

et achève de dresser la coquille, qui coule bientôt sans effort jusqu'au fond.

Terminons l'histoire des mollusques par celle de deux espèces remarquables par leurs habitudes et leur industrie, quelquefois fatale à l'homme : les pholades et les tarets. Les pholades, logées dans une coquille longue et étroite, savent encore se pratiquer une retraite, où elles défient les attaques des plus redoutables ennemis : elles peuvent, non seulement

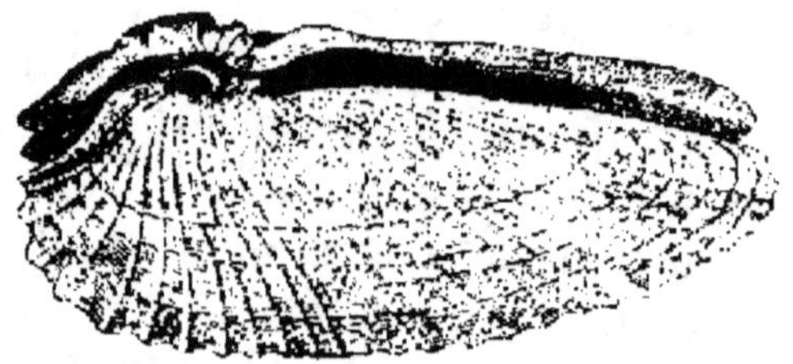

FIGURE 10.

Pholade de grande taille.

creuser le sol, mais encore percer les rochers les plus durs, et, après un travail extrêmement long et pénible, elles y percent une galerie dont la première partie est dans une direction horizontale, et la dernière est formée par un coude subit, ce qui lui donne la forme d'une pipe. La pholade s'établit à l'extrémité intérieure, où elle est invisible à tous les regards ; elle y passe sa vie entière, nourrie par l'eau qui se renouvelle sans cesse autour d'elle. Il n'est pas rare de voir des rochers percés dans tous les sens par des pholades. Et qui croirait qu'elles exécutent une pareille tâche, sans autre instrument qu'un pied charnu bien petit et bien faible, puisque l'animal lui-même n'a qu'un pouce de long ? Mais le Créateur n'a-t-il pas donné la patience et la persévérance aux êtres auxquels il n'a pas accordé la force ? Les tarets sont aussi dangereux pour le bois que les pholades pour la pierre ; ils percent les charpentes de toutes parts, et ainsi ils causent les dégâts les plus funestes, et dans la carène des vaisseaux, et dans les pilotis des digues. Les ravages sont tels, qu'en 1751 les digues de Hollande, minées par les tarets, faillirent s'écrouler tout à coup, et le pays fut menacé d'une inondation générale. Contre un ennemi de quelques pouces de long, l'homme a besoin de surveillance continuelle !

Dans une classe très voisine de celle des Acéphales, la classe des Cirrhopodes, ainsi nommés parce que leurs tentacules ciliés et articulés sont rangés par paires le long de leur corps, nous trouvons des mollusques célèbres par une fable dont ils ont été longtemps le sujet.

Le nom d'Anatife, que l'on donne à ces animaux, est un abrégé d'*Anatifère*, qui signifie porte-canards ; comme les mollusques sont extrêmement communs sur les bords de la mer de l'occident et du nord de l'Europe, dans les endroits mêmes que les canards sauvages fréquentent, on s'est imaginé qu'ils donnaient naissance à cette multitude d'oiseaux, qui bien au contraire les recherchent pour les manger.

Les anatifes ne sont que des mollusques à coquilles bivalves comme les huîtres, sans cependant être aussi immobiles que ces dernières. Ils peuvent faire sortir de leur coquille un long tube charnu, à l'aide duquel ils se fixent comme avec une ventouse sur tous les corps qui sont à leur portée. Ordinairement on les trouve réunis en petites troupes, tous collés avec force à quelque substance solide : il en est qui préfèrent les lieux battus par les vagues, alors ils s'attachent aux brisants, ou à la quille des vaisseaux, mais près du gouvernail et à quelques pouces de la surface de l'eau. Les anatifes qui aiment un séjour plus tranquille descendent au fond de la mer, et là, sans crainte d'être ballottés par les flots, ils se collent aux pierres ou aux herbes marines.

Ils n'ont aucun mouvement à faire pour se procurer leur nourriture. Comme les huîtres, ils se contentent d'absorber les molécules alimentaires contenues dans la masse d'eau, qu'ils attirent en excitant vers leur bouche un petit courant, au moyen de leurs tentacules.

On mange les anatifes sur plusieurs côtes. Alors on a soin de les faire bouillir longtemps pour les dessaler et les attendrir ; leur chair alors devient rouge comme celle des écrevisses.

Les Balanes, assez semblables aux anatifes, s'attachent non pas aux corps inanimés, mais souvent à la peau des grands habitants de la mer, comme les cachalots, les baleines, qui les transportent çà et là dans leurs voyages. On a dit que la balane paie ce service avec usure, et avertit la baleine au moment où le pêcheur s'apprête à lancer le harpon. Faut-il ajouter que c'est là encore une fable inventée à plaisir, et qu'un animal aveugle et à peu près sans organes, ne sera pas plus clairvoyant qu'un être doué de tous les siens, et aussi capable de reconnaître le danger que de l'éviter ?

DEUXIÈME PARTIE.

ARTICULÉS.

CHAPITRE PRÉLIMINAIRE.

ORGANISATION DES ARTICULÉS.

Les articulés, placés dans l'histoire naturelle après les mollusques, leur sont cependant bien supérieurs par leur organisation et leur instinct, qui quelquefois ne le cède à celui d'aucun autre animal ; s'ils n'ont pas de squelette intérieur, tout leur corps est revêtu d'une enveloppe solide qui affermit leurs parties, soutient leurs membres et leur donne une force, une agilité extraordinaires. Le nombreux embranchement des animaux articulés est divisé en plusieurs classes :

Les *insectes*, auxquels nous réservons un volume à part, à la tête duquel on trouvera les notions générales sur l'organisation des articulés ;

Les *arachnides*, différents des insectes en ce

qu'ils sont dépourvus d'ailes et d'antennes, et sont munis de quatre paires de pattes ;

Les *crustacés*, qui respirent par des branchies situées à la base des pieds ou sur les appendices inférieurs de l'abdomen.

Enfin les *annelides*, privés de membres articulés, dont le corps est beaucoup plus mou que celui des animaux compris dans les classes précédentes.

CHAPITRE PREMIER.

LES ARACHNIDES.

Ces animaux inspirent une sorte d'horreur à beaucoup de personnes. Si leur aspect n'est pas agréable, du moins ils n'ont pas la propriété dangereuse qu'on leur attribue; leurs morsures ne causent qu'une légère douleur comme celle des cousins; nous verrons au sujet de la tarentule ce qu'il faut penser de la plus redoutée de toutes les araignées. Du reste, la Providence leur a départi des industries si curieuses, que celui qui refuserait par dégoût de jeter un regard sur elles, fermerait volontairement les yeux au plus intéressant de tous les spectacles ; nous espérons que lorsque nos jeunes lecteurs connaîtront les ruses et l'habileté des araignées, ils sauront assez mépriser des préjugés sans fondement, pour prendre un vrai plaisir à observer eux-mêmes à la campagne, les scènes que nous allons leur décrire.

Le corps des araignées est divisé en deux parties bien distinctes ; la partie antérieure contient la tête

et la poitrine : elle est séparée de la partie postérieure, que compose le ventre, par un étranglement
ou filet fort mince. Le devant du corps est couvert
d'une écaille très dure, de même que les pattes
qui tiennent à la poitrine. Au contraire, le ventre
est couvert d'une peau souple et dilatable ; tout le
corps est revêtu de poils. Elles ont en différents endroits de la tête plusieurs yeux, au nombre de huit,
et disposés suivant les espèces d'une manière assez
variée. Ils sont, comme les yeux des insectes, sans
paupières et immobiles ; mais ils n'ont pas de fa-
cettes à la surface ; et c'est pour cette raison qu'ils
ont été multipliés. L'insecte, qui ne peut tourner sa
tête indépendamment du corps, n'en est pas moins
capable d'inspecter à la fois tout ce qui se passe autour de lui. Les araignées portent sur le devant de
la tête deux crochets mobiles, terminés en pointe
aiguë ; un peu au-dessous de la pointe, est une petite
ouverture, par laquelle elles versent une liqueur
qui, pour les ennemis de leur taille, est un poison très
actif, mais ne peut nuire à l'homme que quand il
est introduit en grande quantité, par les piqûres des
grosses espèces des pays chauds. Quand les araignées
ne font pas usage de ces crochets, elles les replient
sur l'appendice qui les soutient comme une ser-
pette sur son manche. Elles ont toutes huit jambes
articulées comme celles des écrevisses, et au bout
de ces jambes, trois ongles crochus et mobiles : un
petit, placé de côté comme un ergot, à l'aide duquel
elles se tiennent à leur fil, et deux autres plus
grands dont la courbure intérieure est dentelée, et
qui leur servent pour s'attacher où elles veulent,
et pour marcher ou de côté ou le dos en bas, en

s'accrochant à tout ce qu'elles trouvent. Quand elles s'avancent sur des corps où il n'y a pas d'inégalités, comme une pierre polie ou une glace, elles pressent quelquefois assez fortement une petite éponge qu'elles ont sous leurs crochets, à l'extrémité des pattes, et en font sortir une humeur gluante qui les attache sans leur ôter la liberté d'avancer. On sait que les mouches ont de semblables éponges au bout de leurs pattes, et que c'est de la pression de ces éponges que viennent la plupart des petites taches rondes que nous voyons aux glaces de nos appartements, aux vitres, aux porcelaines, et sur tout ce qui est parfaitement poli.

Outre leurs huit jambes, les araignées ont encore deux appendices appelés palpes, qui servent à retenir leur proie; mais avec cet appareil redoutable, les araignées feraient la guerre sans succès, car elles n'ont pas d'ailes pour courir après leur proie, qui en est au contraire fort bien pourvue pour lui échapper. La partie serait trop inégale, si l'araignée ne savait aussi bien dresser les embûches, qu'elle est bien armée pour le combat.

Les araignées filent comme beaucoup d'insectes, et avec leur fil un grand nombre ont l'industrie de tendre des toiles et des panneaux. Elles les suspendent aux endroits où leur proie passe et repasse : elles sont averties du temps où il faut se mettre au travail, et se cachent loin des regards de l'ennemi, qui donne dans le piége sans l'avoir aperçu.

Pour filer leur toile, les araignées ont toutes à l'extrémité de leur ventre cinq mamelons couverts d'une multitude de petits trous qu'elles ouvrent, qu'elles ferment, dont elles élargissent et resserrent les ouvertures à volonté. C'est par là qu'elles font couler cette gomme gluante dont leur ventre est rempli ; tant que l'araignée la laisse sortir par une ou plusieurs ouvertures, le fil s'allonge à mesure qu'elle s'éloigne de l'endroit où elle l'a d'abord attaché. Quand elle resserre les ouvertures des mamelons, les fils cessent de s'allonger, et elle peut y demeurer suspendue.

Regardons l'araignée des maisons au travail.

Veut-elle commencer une toile, elle choisit d'abord un endroit qui présente quelque enfoncement, comme le coin d'une chambre ou d'un meuble, pour avoir sous sa toile, une retraite et un passage qui la mette en état de la parcourir par-dessus et par-dessous, et de s'échapper au besoin. Elle jette sur le mur une petite goutte de sa gomme qui s'y colle. L'araignée laisse ensuite couler la liqueur par une moindre ouverture, le fil s'allonge derrière elle, tandis qu'elle va de l'autre côté jusqu'au point où elle veut borner sa toile. Le fil est passé à un de ses ergots, de peur qu'il ne s'attache à la muraille, au lieu de traverser l'air pour soutenir le tissu. Quand elle est arrivée à l'endroit jusqu'où elle veut étendre sa toile, l'araignée y attache son premier fil à l'aide de sa colle, elle le tire ensuite à elle, le bande, le roidit, et tout auprès, elle en attache un autre qu'elle conduit en courant sur le premier, comme un voltigeur sur sa corde. Elle va coller le second à côté du point où elle a commencé son ouvrage. Ces deux premiers fils lui servent d'échafaudage pour construire tout le reste ; elle passe et repasse plusieurs fois en serrant ou écartant les fils autant qu'elle le juge convenable. Elle paraît même former plusieurs fils à la fois et les tient tous à une distance égale sans les mêler, en les distribuant entre les dents du peigne qu'on peut apercevoir à la loupe, sous chacun des grands ongles de ses pattes. Elle roidit ensuite tous ces fils l'un après l'autre, et les fixe comme les précédents; voilà le premier rang de fils monté : c'est pour ainsi dire la chaîne de la toile.

L'araignée filera ensuite transversalement pour former la trame. Mais sa toile diffère de celle que nous faisons, en ce que dans la nôtre les fils de longueur sont entrelacés avec ceux qu'on y a insérés dans l'autre sens, au lieu que les fils de la trame des toiles d'araignée sont collés en croisant sur les fils de la chaîne, sans avoir besoin d'être entrelacés en aucune façon. L'araignée, après cela, double et triple les fils qui bordent sa toile en ouvrant tous ses mamelons à la fois et en collant plusieurs fils l'un sur l'autre. Elle sait qu'il faut fortifier les bords de la toile, de même que nos ouvrières les ourlent pour empêcher qu'ils ne se déchirent aisément. Elle en relève encore et en maintient les extrémités avec de fortes attaches qu'elle accroche aux environs, de peur que la toile ne soit agitée par le vent.

Ce travail est admirable, sans doute; les précautions que prendra l'animal pour rendre le succès de son piége infaillible, sont peut-être plus admirables encore. L'instinct de l'araignée l'avertit que, si elle se montrait, elle ferait peur à sa proie. Elle se ménage donc au fond de sa toile une petite loge, où elle est cachée et en sentinelle; les deux sorties qu'elle y a pratiquées l'une par-dessus, l'autre par-dessous, la mettent à portée d'être partout au besoin, de visiter tout, de nettoyer tout.

Elle ôte de temps en temps la poussière qui chargerait trop sa toile ; pour cela elle la balaie en lui imprimant une secousse d'un coup de patte ; mais elle calcule le choc qui pourrait endommager son fragile ouvrage, et elle en mesure si bien la force qu'elle ne brise rien.

Il y a sur toute la toile plusieurs fils qui viennent rayonner de toute part vers le centre, où l'araignée se retire et attend patiemment ; le tiraillement de l'un de ces fils se fait sentir jusqu'à elle : elle est avertie qu'il y a du gibier, et elle court aussitôt pour le saisir. Un autre avantage qu'elle tire de cette retraite pratiquée sous sa toile, c'est d'y manger sa proie en toute tranquillité, d'y cacher les cadavres, et de ne laisser au dehors aucune trace de sa cruauté, capable de rendre sa demeure suspecte et d'en éloigner les insectes du voisinage.

On est étonné peut-être de remarquer, que lorsqu'il est arrivé par accident à une toile d'araignée, d'être déchirée, elle se trouve presque toujours réparée le lendemain. Il faut sans doute à l'araignée une grande provision de fil ; et cette provision ne lui manque pas. La Providence savait bien que l'araignée devait être haïe, que sa toile était exposée à être déchirée souvent : aussi elle a mis à sa disposition un magasin, non pas de fil, qui l'embarrasserait, mais de cette gomme avec laquelle elle peut filer à volonté. Le magasin se remplit plusieurs fois de suite après avoir été épuisé, à mesure que l'animal prend de la nourriture. Cependant, il est certain que les sucs coulent beaucoup moins abondamment dans la vieillesse de l'animal.

Peu à peu le sac se dessèche, aussi bien que les éponges des pattes de l'araignée. Pour vivre alors, elle a une nouvelle industrie : une vieille araignée qui ne peut plus filer s'en va à la toile d'une plus jeune, elle la chasse de force quand l'autre ne s'empresse pas d'abandonner la place au plus vite, par crainte de la griffe de son hôte, pour aller établir sa toile ailleurs. Quand la vieille araignée, cependant, est devenue trop faible pour se rendre redoutable, elle ne trouve plus que difficilement sa subsistance, la fin de sa carrière est arrivée, et elle périt bientôt.

L'araignée des maisons n'est pas la seule dont le travail offre des particularités pleines d'intérêt. Celui de l'araignée des jardins est aussi curieux, quoique tout différent.

On pourrait croire qu'elle vole, tant elle passe légèrement de branche en branche, et même d'un arbre à l'autre. Elle se pose à l'extrémité d'une branche ou d'un corps en saillie, y attache son fil, et ensuite foulant ses mamelons avec ses deux pattes de derrière, elle en exprime un ou plusieurs fils de deux ou trois aunes de longueur, qu'elle laisse flotter en l'air. Ces fils, agités par le vent, sont portés de côté et d'autre sur les corps voisins, sur un mur, sur une perche, quelquefois sur un arbre ou un piquet à l'autre bord d'un ruisseau : ce fil s'y arrête et s'y colle, à cause de sa viscosité naturelle : l'araignée le tire à elle pour s'assurer qu'il est bien arrêté. C'est un pont sur lequel l'animal passe et repasse en liberté. Elle double et tend le fil autant qu'elle veut en l'attachant plus court, puis elle se transporte vers le tiers ou vers le milieu de ce petit câble pour y attacher un autre fil, le long duquel elle descend doucement jusqu'à ce qu'elle trouve quelque matière solide pour s'y reposer. Quand elle est trop près du sol, elle peut remonter en serrant le fil de ses pattes, comme un matelot monte après les cordages en les serrant de ses mains et de ses genoux, et elle va attacher un fil ailleurs. Quelquefois elle laisse encore ce fil flotter au gré du vent, jusqu'à ce qu'il soit fixé quelque part. Elle remonte par le second fil sur le premier, et à quelque distance, elle en fixe un troisième de la même manière. Sitôt qu'elle a trois fils attachés, elle les fortifie en les doublant ; puis elle forme par leur moyen un carré aussi parfait que possible. Elle y parvient en remontant du fil qui tombe à droite à celui qui est en haut, et en passant de celui-là au fil qui tombe à gauche : tout en marchant elle file continuellement, puis elle raccourcit et bande le dernier fil qui part du côté droit, elle l'attache au côté gauche, et ainsi se trouve formée une figure à quatre côtés. Dans ce carré, elle pratique avec une industrie pareille une croix, dont le point central lui sert à mener de tous côtés des fils semblables aux rayons d'une roue, qui aboutissent tous au même moyeu. La base de l'ouvrage est faite maintenant ; pour l'achever et y poser la trame, elle se place d'abord au centre, où tous les fils de la chaîne viennent se croiser, et autour de ce centre elle trace un petit cercle, puis, elle en commence un autre un peu plus loin, et continue toujours à faire passer ce fil circulaire d'un rayon à l'autre, en sorte qu'elle parvient jusqu'aux grands fils qui soutiennent tout l'ouvrage. Le filet ainsi tendu, il est question de prendre du gibier. L'araignée se place au centre de tous ces cercles, la tête en bas, parce que son ventre, qui ne pend qu'à un col fort menu, le fatiguerait trop dans une autre situation ; de cette façon, au contraire, les pattes et la poitrine soutiennent le ventre. Ainsi postée, l'araignée attend sa proie, et n'attend pas longtemps. Il y a tant de moucherons répandus dans l'air, qui volent de côté et d'autre, que bientôt quelques uns ont donné dans le filet, auquel ils se collent par les ailes ou les pattes. Si la mouche prise est petite et faible, l'araignée, avertie du moindre mouvement par l'ébranlement d'un des rayons qui joignent le centre à la circonférence, fond sur l'insecte et le suce à l'instant. Mais quelquefois c'est quelque grosse mouche qui s'agite, résiste et menace de rompre le filet. Que fait l'araignée ? Elle ne laisse pas échapper sa proie : elle s'approche avec précaution, tourne autour d'elle en filant, parvient à l'envelopper de liens qu'elle serre de moment en moment ; elle l'entortille, la garrotte, la soutient suspendue à son fil, et l'emporte dans un nid qu'elle a construit au-dessous de sa toile, et qu'elle a caché sous des feuilles, des tuiles, ou tout autre abri commode, pour y passer la nuit et pour se garantir de la pluie.

Rien n'a l'air plus fragile que la toile de l'araignée des jardins ; il semblerait que le moindre souffle va la mettre en pièces : cependant le vent ne lui est pas aussi fatal qu'on pourrait le croire : les fils, fort écartés, le laissent passer sans obstacle, et il faut que l'air soit bien agité pour qu'ils se rompent.

Ce qui désole le plus les araignées, c'est la pluie.

dont les gouttes, suspendues aux fils légers, ne tardent pas à les affaisser et à les rompre ; mais comme le tissu de la toile est fort clair, la dépense en est petite, et les araignées ont toujours de quoi fournir au besoin un réseau tout neuf.

Quittons les riants bosquets que notre araignée avait choisis pour son séjour, quittons la lumière du jour, et descendons dans l'obscurité des caves, où nous trouverons encore des animaux qui exercent leur industrie.

L'araignée noire des caves se contente de tapisser de quelques fils les environs de son trou, en pratiquant au milieu une petite porte ronde pour la liberté du passage. Quand un insecte erre dans le voisinage, il ne manque pas de remuer quelques uns des fils qui se trouvent de tous côtés, comme autant de rayons : l'araignée avertie sort aussitôt de son embuscade. Cette araignée semble plus méchante et douée d'un venin plus subtil que les autres. Quand sa victime est arrêtée par la matière gluante de ses fils, elle se saisit du moindre de ses membres, de l'extrémité de sa patte, par exemple, ne lâche pas prise et attend tranquillement la mort de l'insecte, qui ne tarde pas à arriver ; car, quelque petite que soit la blessure faite par l'araignée, elle a servi à introduire le venin fatal ; la pauvre mouche, prise et piquée, s'agite d'abord, puis s'affaiblit peu à peu : au bout de quelques instants elle est sans mouvement, quand même l'araignée l'aurait quittée. Lorsque le corps ne donne plus aucun signe de vie, l'araignée l'entraîne dans sa caverne pour le dévorer à son aise. Cette araignée a le privilége d'être munie d'une cuirasse plus dure que celle de la plupart des autres espèces. Ainsi les guêpes, dont l'aiguillon meurtrier et l'épaisse enveloppe embarrassent si fort les autres araignées, n'effraient guère celle-ci : elle va droit à la guêpe, essuie impunément les coups de son dard : elle la frappe au contraire mortellement de son crochet venimeux, et parvient à la sucer comme une mouche ordinaire.

Les Araignées Vagabondes filent fort peu pour la plupart ; elles sont de formes et de couleurs très variées. Ne pouvant dresser de piéges à leur proie, elles la poursuivent rapidement à la course, ou bien elles emploient la ruse. On les voit s'approcher obliquement de quelques insectes, passer de côté comme si elles ne faisaient aucune attention à lui, puis tout à coup tomber sur lui par un saut brusque, et le tuer à l'instant. Il y en a qui courent légèrement sur l'eau sans se mouiller, pour saisir les petits moucherons qui sont tombés à la surface. Une espèce brune, extrêmement commune dans les jardins et dans les bois, traîne partout après elle un cocon lisse et tissu d'une manière très serrée, où elle a renfermé ses œufs. Quand on le lui enlève de force, elle court après, le cherche sans considérer son propre danger, et n'est tranquille que lorsqu'elle l'a retrouvé. Elle donne certainement une des preuves les plus remarquables des effets que produit sur un animal timide cet amour maternel, dont la Providence a voulu faire le plus bel instinct des êtres sans raison, comme le plus noble sentiment des créatures intelligentes. Quand notre araignée a aperçu son sac, elle se jette dessus, fût-il sous votre main, le colle à son ventre, et ne songe à fuir que quand elle peut l'emporter avec elle.

Un grand nombre d'autres espèces sont encore fort remarquables et par leurs couleurs et par leurs talents variés. Vous reconnaîtrez au premier coup d'œil l'araignée quadrille, que l'on trouve dans les lieux humides, aux quatre taches jaunes ou blanches qui ornent son abdomen. Elle construit une grande toile verticale, dans le genre de celle que file l'araignée des jardins ; mais elle ne se place pas au centre, où ses couleurs assez vives la feraient trop aisément apercevoir. Elle bâtit une espèce de dôme à une certaine distance de la toile, et s'y blottit attentive et immobile, tenant entre ses pattes un fil bien tendu qui traverse toute la toile, et est collé légèrement sur le tissu qui la compose. Un insecte ne peut guère se prendre au piége sans ébranler en même temps le fil conducteur ; l'araignée à l'instant se laisse glisser jusqu'à sa toile, enlève promptement la proie retenue dans le perfide réseau, remonte avec elle le long du petit câble qu'elle a eu soin de ne pas rompre, et la dévore à son aise dans sa cellule, où elle échappe à tous les regards. Une autre araignée, l'araignée cratère, au lieu de se percher au-dessus de son piége, place un peu au-dessous une espèce de puits, de toile extrêmement légère, d'où ses regards se portent sans cesse sur son filet. Elle tient entre ses pattes plusieurs fils qui y communiquent, et pour ne pas effaroucher par quelque mouvement inattendu les insectes qui voltigent à l'entour, elle plie ses pattes contre son corps, et se roule en boule, de manière à rester complètement immobile ; ce qui ne l'empêche pas de s'élancer au premier signal, et de saisir sa victime avant qu'elle n'ait eu le temps de se dégager.

L'araignée apoclise est l'une des plus grosses et des plus jolies araignées de notre pays : son abdomen brun est bordé d'un élégant feston blanchâtre, traversé par deux bandes de la même couleur. Elle construit, dans les lieux humides, une toile verticale, immédiatement au-dessus de laquelle est le petit nid où l'araignée se tient constamment. Ce nid ressemble à une bourse dont notre petit animal tient les cordons à l'intérieur. Tant que rien ne l'inquiète, il la laisse ouverte pour mieux observer tout ce qui se passe à l'entour. Mais un oiseau s'approche-t-il, une main se présente-t-elle pour saisir l'araignée, à l'instant elle fait jouer son petit ressort, tire ses fils, et se trouve enfermée de toutes parts dans un réseau assez épais pour qu'il soit difficile de l'apercevoir au travers. Cette araignée a une grande tendresse pour ses petits ; elle surveille ses œufs avec soin, et les enveloppe dans une couche épaisse de bourre soyeuse. Elle ne meurt pas toujours à l'automne, comme un grand nombre d'animaux de son genre, mais son instinct l'avertit à temps de l'approche de l'hiver. Quand les gelées blanches de l'automne commencent, elle travaille avec beaucoup d'activité à se faire une provision, non pas d'aliments, car elle ne mange pas pendant l'hiver, mais de couvertures et de vêtements : elle agglutine, autour de son nid, du duvet, de petits débris de feuilles et d'herbe, jusqu'à ce qu'elle ait formé une enveloppe impénétrable à la pluie, et capable de conserver quelque chaleur dans l'intérieur du nid. L'apoclise s'engourdit bientôt après, et ne se réveille au printemps que lorsque la chaleur du soleil a fait reparaître les petits insectes qui la doivent nourrir.

La plupart des araignées guettent leur proie de jour ; car c'est alors que les moucherons s'ébattent et voltigent de tous côtés. Une espèce cependant paraît endormie pendant le jour, et surveille mal sa toile tant que le soleil est sur l'horizon : mais dès que les ténèbres commencent à s'épaissir, l'araignée ombraticole, organisée pour voir parfaitement pendant la nuit, est attentive et sur ses gardes. C'est aux phalènes et aux petits papillons de nuit qu'elle en veut. Dans les nuits chaudes et calmes, elle en prend quelquefois un grand nombre.

C'est une espèce d'araignée qui, aux mois de septembre et d'octobre, produit ces fils d'une éblouissante blancheur, connus sous le nom de *fils de la Vierge*, qui ont donné lieu à tant de fables, comme ils ont servi à tant de gracieux emblèmes. Ces araignées tendent leur toile en longueur sur les herbes des prairies ou sur le chaume des blés, et laissent flotter aux environs un grand nombre de fils ; le vent de l'automne emporte les uns et les autres, et les fait voltiger dans les airs en nuages légers et incertains, qui se réunissent et s'augmentent toutes les fois qu'ils se rencontrent. Souvent les araignées s'y cramponnent, et se laissent enlever avec eux, pour être transportées sur les arbres et les maisons, où elles font de nouvelles toiles.

Nous avons parlé d'une araignée qui courait sur

l'eau : il y en a plusieurs espèces tout à fait aquatiques. Ce ne sont pas ces insectes que l'on appelle vulgairement araignées d'eau, et qui voyagent si légèrement à sa surface, mais qui sont une espèce d'insectes hémiptères à six pattes, portant des ailes et des demi-élytres (Voir Insectes hémiptères), et qu'on appelle *Gerres* des lacs ou des ruisseaux. Nous parlons de vraies araignées à huit pattes, qui nagent dans l'eau, le ventre entouré d'un globe d'air. L'araignée aquatique file au fond de l'eau une coque qui, par sa grosseur et sa forme, est assez semblable à la moitié d'un œuf de pigeon. L'araignée, pour la rendre habitable, y transporte de l'air qu'elle va chercher à la surface, et qu'elle accumule sous la cloche, dont le tissu serré l'empêche de s'échapper. A mesure que le nombre des bulles d'air augmente, le volume d'eau diminue, et bientôt l'araignée a mis l'intérieur de sa cellule entièrement à sec. Elle va aux environs chercher les petits insectes aquatiques dont elle fait sa nourriture. La femelle pond ses œufs dans cette coque, et fait constamment la garde aux environs, jusqu'à ce qu'ils soient éclos.

L'industrie des araignées n'est pas la seule chose admirable que présente leur histoire : la ponte des femelles, les précautions qu'elles prennent pour la sûreté de leurs œufs, les soins qu'elles prodiguent à leurs petits dès qu'ils sont éclos, vont nous offrir un spectacle d'un grand intérêt, et qui achèvera sans doute de réconcilier nos lecteurs avec de petits animaux qui ne leur ont jamais fait aucun mal, et que la Providence s'est plu à favoriser particulièrement de ses bienfaits.

Toutes les araignées, même quand elles n'auraient pas coutume de filer pour attraper leur proie, font une coque de soie, de forme et de solidité variables, pour y enfermer leurs œufs. Le plus souvent cette coque a la forme d'une boule, composée ainsi : l'araignée enveloppe d'abord ses œufs d'un tissu lâche, qu'elle recouvre de terre ou de poussière sèche ; elle file sur cette première enveloppe une seconde toile extrêmement serrée, et tout à fait imperméable à l'humidité ; quelquefois cette toile est remplacée par un paquet de bourre flottante, qui remplit le même objet. La coque faite, il est des araignées qui l'emportent avec elles, comme les araignées vagabondes, d'autres la suspendent avec des fils à quelque corps solide ; d'autres encore la cachent dans un trou de muraille, ou bien par une ruse plus étonnante et non moins sûre, elles l'enveloppent dans des feuilles mortes, dont la perpétuelle agitation empêche les ennemis de sa progéniture d'en soupçonner la présence.

Les œufs renfermés dans la coque, sont recouverts d'une peau molle et flexible, qui se tend à mesure que l'animal s'accroît et en prend à peu près la forme. Quand il a acquis le développement nécessaire, la pellicule qui le tenait emmaillotté se fend, laisse paraître successivement toutes les parties, et tombe en poussière.

Lorsque la petite araignée vient de sortir de l'œuf, elle est encore incapable de marcher, à cause du peu de consistance de ses membres. Il faut qu'elle attende pendant plusieurs jours, quelquefois un mois entier, l'époque d'une seconde mue, qui lui donnera toute son agilité. Alors toutes les jeunes araignées sortent de la coque, qui les renfermait ensemble, soit en déchirant elles-mêmes le tissu, soit en profitant d'une ouverture que la mère y pratique, quand son instinct l'avertit que l'instant favorable est venu.

Dans quelques espèces, ces jeunes araignées n'abandonnent pas encore leur mère. Celle-ci les réunit sur son dos, où elles se cramponnent, en donnant au corps de la grosse araignée une apparence assez difforme. Quand on agite cette masse de petits animaux vivants, ils se mettent en mouvement et s'enfuient de toutes parts ; mais à peine le danger est-il passé, qu'ils reviennent prendre leur place accoutumée sous la protection maternelle.

Dans les pays méridionaux, on a trouvé un grand nombre d'araignées beaucoup plus grosses que les nôtres ; ce sont elles qui véritablement sont à craindre, et dont la morsure peut produire d'assez graves accidents. Les plus célèbres sont les mygales et les tarentules.

La mygale mineuse, qui se trouve dans le midi de la France, particulièrement aux environs de Montpellier, est très curieuse par la manière dont elle construit et défend sa demeure : « Un canal cy-
« lindrique, creusé dans un terrain calcaire et nu,
« le plus souvent situé en pente, ou coupé à pic
« pour empêcher le séjour des eaux, dont la voûte
« est consolidée par une toile qui la tapisse, telle
« est la retraite de notre araignée. Son issue est
« fermée par une porte circulaire, une sorte de
« trappe formée de plusieurs couches de terre dé-
« trempées et liées ensemble par des fils de soie ;
« raboteuse et inégale en dessus ; mince, plane,

« très lisse en-dessous ; garnie de soie sous la face
« inférieure ; fixée par une sorte de charnière à la
« partie la plus élevée du bord de l'ouverture, afin
« de se fermer par son propre poids, reçue enfin
« dans son contour par une feuillure tellement ap-
« pliquée qu'elle ne déborde pas, et que, se con-
« fondant par sa couleur et ses aspérités avec le ter-
« rain environnant, elle ne puisse pas attirer les re-
« gards de l'observateur. Retirée dans son habitation,
« toutes les secousses, tous les éboulements qui ne
« détruisent pas cette porte, ne peuvent l'obliger à
« en sortir : mais si l'on touche à la porte, si quel-
« que bruit s'y fait entendre, la mygale accourt
« aussitôt du fond de sa retraite, et, le corps ren-
« versé, accrochée par les pattes à la toile qui ta-
« pisse cette espèce d'opercule, elle le tire à elle de
« toutes ses forces : si l'on soulève la porte en sens
« contraire, il faut une certaine lutte pour vaincre la
« résistance de l'insecte. Est-elle obligée de céder,
« elle s'enfuit au fond de son habitation, où elle se
« blottit. Quand on l'en tire, cette araignée qui
« s'est si vaillamment défendue, a perdu tout son
« courage en quittant sa forteresse ; elle ne montre
« plus que de la langueur et de l'abattement. »

La mygale aviculaire, qui se trouve à Cayenne
et dans les Antilles, est peut-être la plus mon-
strueuse de toutes les araignées. On en trouve dont
le tronc a jusqu'à six centimètres de longueur, et
qui occupent un espace de près de dix-huit centimètres, quand elles étendent les pattes. Le poil long
et raide dont elles sont revêtues, et dont leurs pattes
surtout sont hérissées, achève de leur donner un
aspect aussi hideux que redoutable.

Cette mygale est, dit-on, assez forte pour s'emparer de petits oiseaux, comme les oiseaux-mouches
et les colibris, dont elle suce le sang. Assez ordinai-

FIGURE 11.

Mygale aviculaire.

rement, elle grimpe sur les arbrisseaux jusqu'à
leur nid, et les surprend sur leurs œufs, sans que
le moindre bruit les ait avertis de sa présence. Il
paraît que sa piqûre est assez dangereuse.

On ne sait trop encore ce qu'il en est de celle
de l'araignée d'Italie, placée par les naturalistes

dans le genre Lycose, et qui a été appelée Tarentule, parce qu'elle est commune aux environs de Tarente. Une foule d'auteurs ont parlé des funestes effets de sa piqûre. Les uns ont dit qu'elle était suivie d'une agitation étrange accompagnée de chants immodérés, de pleurs et de ris sans motifs, enfin d'un sommeil léthargique qui pouvait mener à la mort. D'autres lui ont attribué les effets d'une fièvre maligne. On sait cette opinion populaire en Italie, qu'on ne peut guérir de la maladie produite par la morsure de l'araignée, qu'en dansant la *Tarentelle*, danse accompagnée de mouvements et de sauts extraordinaires, qu'on exécute au son de la musique, jusqu'à ce que l'on tombe épuisé de fatigue et baigné de sueur. Il est difficile de croire qu'un préjugé aussi accrédité, aussi général, n'ait pas quelque fondement ; mais, d'après les récits de beaucoup de voyageurs modernes, qui ont vu des tarentules et n'ont jamais observé les suites fatales qu'on attribue à leur blessure, nous pensons que ces suites, si elles peuvent être en effet quelquefois dangereuses dans des circonstances particulières, ont été du moins fort exagérées.

Du reste, on connaît aujourd'hui plusieurs détails fort curieux sur la lycose tarentule. Elle préfère les lieux arides, incultes et exposés au soleil. Elle habite ordinairement dans des conduits souterrains qu'elle se creuse elle-même, et qui ont souvent un pouce de diamètre. Ce conduit, d'abord vertical, fait ensuite un coude auprès duquel la tarentule se tient en sentinelle vigilante, les yeux constamment tournés vers l'ouverture de son trou. Ce n'est pas tout encore : l'orifice est ordinairement surmonté d'un tuyau que l'araignée construit de toutes pièces, avec de petits morceaux de bois liés par de la terre humide, que notre architecte superpose de manière à leur donner la forme d'un échafaudage, irrégulier à l'intérieur, mais disposé à l'extérieur en un cylindre affermi par une multitude de fils dont la paroi est tapissée. Ce cylindre, plus large que l'orifice lui-même, est destiné sans doute à empêcher les éboulements dans l'habitation de l'animal.

Il n'est pas facile de prendre les tarentules dans leur demeure; on peut creuser le trou à plus d'un pied de profondeur sans les rencontrer, et quand on n'est pas muni des instruments nécessaires, il faut renoncer le plus souvent à s'emparer de la maîtresse du logis, à moins d'avoir recours à la ruse. En agitant un insecte devant l'ouverture du trou, on excite l'animal à sortir; on lui ferme l'orifice, et il est alors facile de le saisir, quoiqu'il coure assez vite dans la campagne. On trouve alors une grosse araignée dont le corps a près d'un pouce de long, et porte des poils, mais en moins grande quantité que la mygale; elle est aussi hideuse à voir : cependant elle peut s'apprivoiser assez facilement; nous en trouvons la preuve dans le récit d'un voyageur qui l'a souvent observée en Espagne.

« Le 7 mars, dit-il, pendant notre séjour à Va« lence, nous prîmes une tarentule mâle d'une
« belle taille sans la blesser, et nous l'emprison« nâmes dans un bocal de verre clos par un cou« vercle de papier, au centre duquel nous avions
« pratiqué une ouverture à panneau. Au fond du
« vase, nous avions fixé le cornet de papier dans

« lequel nous l'avions transportée , et qui devait lui
« servir de demeure habituelle. Elle s'accoutuma
« promptement à sa réclusion , et finit par devenir
« si familière qu'elle venait saisir au bout de nos
« doigts les mouches que nous lui présentions.
« Après avoir donné à sa victime le coup de la mort
« au moyen de ses mandibules, elle ne se conten-
« tait pas, comme la plupart des araignées, de la
« sucer en partie, elle lui broyait tout le corps, et
« l'enfonçait successivement dans sa bouche au
« moyen de ses palpes. Elle rejetait ensuite les té-
« guments écailleux , et les lançait loin de son gîte.
« Après son repas, elle oubliait rarement de faire
« sa toilette, qui consistait à brosser avec les tarses
« de ses pattes antérieures , ses palpes et ses man-
« dibules , tant en dehors qu'en dedans ; ensuite
« elle reprenait son attitude grave et immobile. Le
« soir et la nuit étaient pour elle le temps de la pro-
« menade. Nous l'entendions souvent gratter le pa-
« pier du cornet. Le 28 juin , notre tarentule chan-
« gea de peau , et cette mue , qui fut la dernière ,
« n'altéra d'une manière sensible , ni la couleur
« de sa robe, ni la grandeur de son corps. Le 14
« juillet , nous fûmes obligés de quitter Valence ,
« et nous restâmes absents jusqu'au 25 ; durant
« ce temps, la tarentule jeûna. Nous la trouvâmes
« cependant bien portante à notre retour. Le 20
« août, nous fîmes encore une absence de neuf
« jours; notre prisonnière la supporta de même, sans
« que sa santé en parût altérée, quoiqu'elle man-
« quât toujours d'aliments. Malheureusement elle
« fut perdue par accident, et il nous fut impossible
« de continuer nos observations.

7.

« Nous avons été spectateurs d'un combat assez
« curieux entre deux de ces animaux. Dans le
« mois de juin où nous avions fait une chasse assez
« heureuse aux lycoses, nous choisîmes deux mâles
« adultes et vigoureux que nous mîmes en présence
« dans un large bocal. Après en avoir fait plu-
« sieurs fois le tour pour chercher à s'évader,
« ils ne tardèrent pas, comme à un signal donné,
« de se poser dans une attitude guerrière. Nous
« les vîmes avec surprise prendre leurs distances,
« et se tenir gravement sur leurs pattes de derrière
« pour se présenter le bouclier de leur poitrine.
« Après s'être ainsi observés face à face pendant
« deux minutes, après s'être provoqués par leurs
« gestes, nous les vîmes se précipiter l'un sur
« l'autre, s'entrelacer dans leurs pattes, et cher-
« cher, dans une lutte obstinée, à se piquer avec
« les crochets des mandibules. Le combat fut un
« instant suspendu par fatigue; il y eut une trêve
« de quelques secondes, et chaque athlète, s'éloi-
« gnant un peu, vint reprendre sa position me-
« naçante. Mais la lutte ne tarda pas à recom-
« mencer avec plus d'acharnement entre les
« deux tarentules : une d'elles, après avoir long-
« temps disputé la victoire, fut enfin terrassée et
« blessée à la tête d'un coup mortel. Elle devint
« la proie de sa rivale, qui la mit en pièces et la
« dévora. Nous avons conservé vivante, pendant
« plusieurs semaines, la tarentule victorieuse. »

Les tarentules ne sont pas les seules araignées
qui puissent être apprivoisées. Tout le monde sait
que des prisonniers sont parvenus à en rendre
quelques unes assez familières pour charmer un

peu les ennuis de leur captivité. Une araignée fut la compagne assidue de Pellisson, à la Bastille ; il l'avait accoutumée à venir au son de la musique.

FIGURE 12.

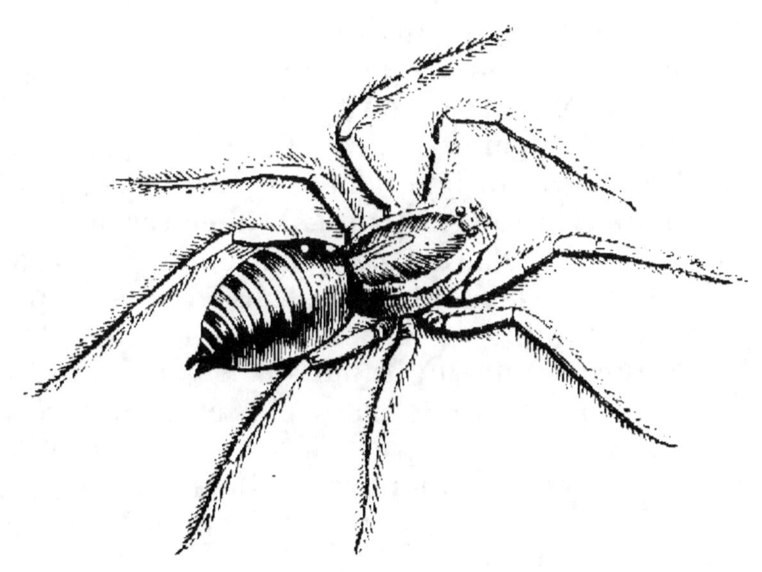

La Tarentule.

On dit qu'un marchand de Paris a réussi à en apprivoiser plusieurs centaines qui venaient prendre leurs repas dans sa main.

On s'est efforcé d'utiliser les araignées d'une autre manière, et d'employer leur fil à faire des tissus à l'usage de l'homme. Des expériences ont été répétées avec habileté et patience, non pas sur le fil des toiles ordinaires, mais sur celui avec lequel est composé le sac où les araignées enferment leurs œufs. Au siècle dernier, un savant de Montpellier est parvenu à carder et à filer ces coques; il a fait tisser, avec la soie qu'il en a tirée, des bas et des gants, qui paraissaient d'une grande solidité, et offraient une nuance grisâtre fort agréable à l'œil Ces produits furent envoyés à l'Académie des sciences de Paris, qui les fit examiner par le célèbre Réaumur. Mais on découvrit que ces tissus, quelle qu'en fût la bonne qualité, finissaient par se dissoudre dans l'eau bouillante; et d'ailleurs, on observa qu'il serait fort difficile d'élever un assez grand nombre d'araignées pour donner une provision de fil considérable; car, sans compter la presque impossibilité de fournir à peu de frais de la nourriture à une multitude de ces animaux, on sait que lorsqu'on les réunit plusieurs ensemble, les grosses ne tardent pas à dévorer les plus petites. Ces expériences, quoique assez intéressantes, sont donc restées sans résultat, et n'ont guère été renouvelées depuis.

CHAPITRE II.

CRUSTACÉS.

Parmi les crustacés, nous trouverons une foule d'animaux fort utiles à l'homme, à qui ils fournissent une nourriture agréable, ou dont la pêche facile et peu dispendieuse est une ressource, que la Providence a ménagée à un grand nombre de gens trop pauvres pour tendre des filets aux poissons, et les chercher de rivage en rivage. Un panier au bras, des femmes et des enfants vont à la marée basse visiter les flaques d'eau isolées sur les côtes, et souvent la découverte d'un seul homard les dédommage de plusieurs journées d'inutiles recherches.

Les crustacés les plus importants à connaître sont les crabes, les homards, les écrevisses, les crevettes de mer et d'eau douce. Ces animaux naissent d'œufs que la mère porte ordinairement fort longtemps avec elle attachés sous son ventre ; les petits qui en sortent, sont semblables en tout à leurs parents : ainsi les petits crabes ont déjà cette forme plate, arrondie, cette queue courte, ces fortes pinces qui les caractérisent plus tard ; les écrevisses de mer et de rivière ont, jeunes encore, leur longue et vigoureuse queue, leurs minces et élégantes antennes ; les crevettes de mer ou salicoques petites et grosses, sont

FIGURE 13.

Crevette.

molles et transparentes comme du cristal. Ces crustacés sont presque tous aquatiques, excepté les crabes terrestres, qui ne vont à la mer que rarement : mais dans la même classe, il y a beaucoup de petits crustacés qui vivent sous les pierres et dans les endroits humides. Les crabes marins et les homards, et une espèce voisine, les langoustes, se plaisent dans la mer, surtout au milieu des rochers et des récifs, dont les fentes et les cavités leur offrent une retraite commode. On sait que l'écrevisse commune vit dans nos ruisseaux, et qu'elle sait s'y creuser des trous assez profonds, d'où il est fort difficile de la tirer. Les crabes terrestres pratiquent aussi souvent des terriers, à l'entrée desquels on les voit ordinairement en sentinelle. Quelques uns grimpent sur les arbres : il en est un qui va abattre les noix de cocos, jusqu'au sommet des hauts palmiers qui les portent.

Les crabes ont sur terre le privilége de marcher facilement dans tous les sens, à l'aide des pattes qui rayonnent tout autour de leur corps : on en

FIGURE 14.

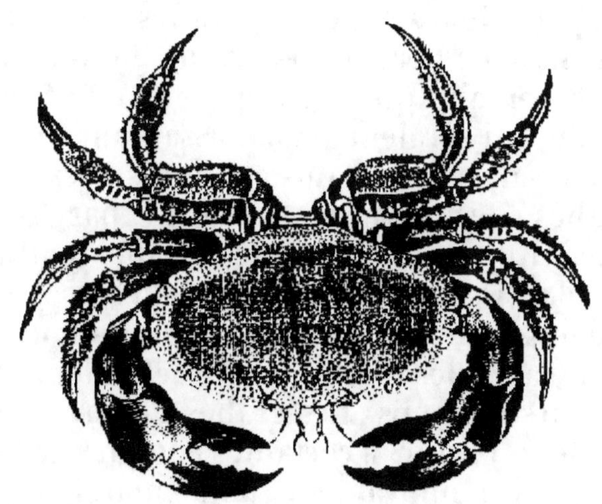

Crabe tourteau.

voit gravir des roches presque à pic, quand elles ne sont pas tout à fait lisses, à l'aide des crochets dont tous leurs pieds sont munis ; rien n'est plus singulier, du reste, que leur marche habituelle. Celle des écrevisses se fait ordinairement, comme on sait, à reculons, quoiqu'elles puissent aussi marcher directement devant elles. Dans l'eau, elles reculent toujours, ou avancent en tournant leur tête en arrière, parce que leur natation s'opère par les mouvements de leur queue seule, qui agit en se repliant en dessous. Il en est de même des crevettes d'eau douce et des salicoques.

Ces animaux ont un instinct en général assez borné : les habitudes des écrevisses et des espèces voisines n'offrent rien de particulier ; celles des crabes sont plus remarquables : ils paraissent fort rusés, et montrent beaucoup d'adresse quand il s'agit d'échapper à leurs ennemis : on les voit fuir, en choisissant avec beaucoup d'avantage tous les accidents de terrain qui peuvent leur offrir une retraite, ou qui seraient pour l'assaillant de difficile accès. On sait que certains crustacés, assez voisins des crabes, les bernards-ermites, par exemple, s'emparent de la demeure de certains mollusques, où ils s'établissent pour cacher leur corps mou et sans défense, ne laissant paraître que leurs pattes robustes, avec lesquelles ils se défendent et attaquent leurs ennemis. Les crabes de terre ont l'habitude de se réunir, à certaines époques de l'année, en troupes innombrables, pour marcher vers la mer, se dirigeant par le plus court chemin, sans se détourner, quel que soit l'obstacle qu'ils rencontrent et qu'ils parviennent presque toujours à franchir ; ils pondent leurs œufs sur le rivage, et reprennent le même chemin pour retourner à leur domicile ordinaire.

Quand on attaque ces crabes, et que la fuite leur est difficile, ils se défendent avec un grand courage, marchent les serres fièrement levées contre l'ennemi, et s'ils peuvent atteindre quelqu'un de ses membres, ils le pincent avec violence. Quand plusieurs crabes découvrent ensemble la même proie, ils se livrent un combat furieux pour la ravir ; ce n'est qu'après la lutte la plus opiniâtre que le plus brave, le plus fort ou le plus heureux, peut emporter le morceau de chair corrompue qui a fait ordinairement le sujet de la querelle. Bien des membres sont restés sur le champ de bataille, bien des athlètes se retirent mutilés, mais ces pertes se réparent, et après quelque temps on voit reparaître des membres nouveaux, destinés à remplacer les membres arrachés.

Tous les crustacés en général se nourrissent de matières animales, et préfèrent même celles qui sont déjà en décomposition. Ce goût étrange ne leur a-t-il pas été donné par le Créateur pour qu'ils s'utilisent dans la nature, en la débarrassant de substances dangereuses ? Qui ne sait, en effet, avec quelle rapidité les écrevisses et les crevettes dissèquent les cadavres abandonnés dans les ruisseaux ? Nous profitons de leur avidité pour ces matières, dans les piéges que nous leur tendons. Ainsi il est facile de prendre quantité d'écrevisses dans les rivières où elles abondent, en plaçant au centre d'un fagot ou au fond d'un filet quelque vieux lambeau de chair; les écrevisses s'engagent entre les branches du fagot, descendent imprudemment dans le filet, et en retirant brusquement l'un et l'autre de l'eau, on enlève tous les animaux qui ne peuvent s'en échapper assez promptement.

Il y a encore un moyen de prendre les écrevisses, qui est employé assez souvent, parce qu'il n'exige aucun apprêt. On se borne à introduire la main dans les trous qu'elles habitent, et à les en tirer de vive force ; mais on court risque d'être fortement pincé par les plus grosses, que l'on cherche en tâtonnant à l'aveugle, tandis qu'elles voient fort bien arriver l'ennemi, et se tiennent sur la défensive. D'ailleurs, quand on est parvenu à les saisir par quelque membre, il n'est pas toujours aisé de les amener hors de leur trou ; elles se cramponnent de toutes leurs forces aux parois de ce trou, quelquefois très profond, et souvent elles aiment mieux se laisser arracher les pattes que de lâcher prise. Qu'on ne croie pas, du reste, que cette obstination leur soit fatale : la Providence a bien prévu qu'elles seraient souvent en danger par une cause ou par une autre d'être ainsi mutilées ; elle a même rendu leurs membres fragiles, afin de leur donner une ressource de plus pour échapper ; mais aussi, comme nous l'avons vu pour le crabe, elle leur a donné une faculté étonnante de reproduction. La pince arrachée ne tarde pas à renaître, et l'écrevisse n'est pas longtemps privée de ses armes. Cette reproduction est très fréquente ; il est rare de prendre beaucoup d'écrevisses qui aient deux pinces égales. Ordinairement, l'une d'elles est plus petite, parce que repoussée, par suite d'un accident, plus tard que la première, elle n'a pu atteindre le même développement.

Nos ruisseaux nourrissent une espèce de crustacés extrêmement communs que l'on connaît sous le nom de crevettes. On les voit nager avec assez de rapidité sur le flanc, frappant l'eau avec leur queue recourbée, et avançant à la manière des écrevisses. Les crevettes sont peut-être de tous les crustacés les plus avides de chair. Un corps mort, jeté dans les eaux qu'elles habitent, les attire par milliers, et c'est à peine si l'on conçoit comment de si petits animaux peuvent faire disparaître en très peu de temps des masses organisées considérables. Elles savent trouver et dévorer les lambeaux de chair dans les plus petites cavités, où elles s'introduisent en faisant couler obliquement leur corps glissant et mince. On les trouve nichées dans le moindre recoin de la charpente osseuse, et bientôt les os sont mis à nu avec plus de soin et de succès que par le préparateur le plus habile. Aussi ces petits êtres rendent de vrais services à l'anatomiste en lui nettoyant ses squelettes. Ils sont du reste, comme nous l'avons dit, d'une utilité bien plus générale dans la nature, en maintenant la salubrité de nos ruisseaux et de nos fontaines, qu'ils purifient de toutes les substances corrompues que tant d'accidents y peuvent faire tomber sans cesse.

Parmi les êtres qui peuplent notre globe, il en est de beaucoup plus favorisés les uns que les autres, sous le rapport de leur organisation, à qui sont prodiguées les ressources de tous les genres : ces animaux ne doivent pas jouir seuls de tout bienêtre ; la Providence a voulu qu'ils le partageassent souvent avec d'autres animaux faibles et impuissants, qui ne sauraient subsister dans l'isolement, mais qui sont transportés, logés et nourris sur des corps étrangers. Telle est l'existence des individus renfermés dans une section de la classe des crustacés : celle des suceurs.

L'argule dauphin, ou binocle, est entre ces singuliers animaux l'un des plus connus et des plus remarquables : on le trouve dans les ruisseaux où il vit sur le corps des épinoches et des têtards. Les femelles pondent environ quatre cents œufs, qu'elles fixent aux pierres et aux tiges des plantes ; ces œufs éclosent au bout de trente-cinq jours, et il en sort des larves d'une petitesse extrême. Déjà, à leur partie antérieure, elles portent deux longues rames terminées par des crochets, avec lesquels la petite argule pourra se fixer sur les animaux qu'elle aura bientôt rencontrés en nageant çà et là. L'animal est encore dans un état imparfait, où il lui faut subir un grand nombre de transformations pour arriver à sa forme définitive. Six jours après sa naissance, la larve change de peau ; ses rames disparaissent, mais elles sont remplacées par des pattes qui servent également à nager. Il s'opère une autre mue au bout de trois jours ; c'est alors seulement que l'argule semble avoir acquis toute son agilité. Deux jours après, un changement de peau amène encore des perfectionnements dans l'organisation de l'animal, qui est maintenant muni de ventouses avec lesquelles il peut se fixer plus aisément qu'avec des crochets sur les corps étrangers. Ce n'est guère qu'après la sixième mue que les argules ont atteint toute leur grosseur.

On trouve dans la mer plusieurs animaux semblables aux argules ; ils vivent attachés aux corps des grands poissons et des cétacés ; on en trouve beaucoup sur les requins et les baleines, qui peuvent en nourrir une multitude, sans s'apercevoir même de la présence de ces petits parasites.

CHAPITRE III.

ANNELIDES.

Les annelides, qui se distinguent des autres articulés par la mollesse de leurs téguments, par l'absence de pattes proprement dites, et par la couleur rouge de leur sang, renferment des animaux marins comme les serpules, des animaux terrestres comme les lombrics ou vers de terre, et des animaux d'eau douce comme les sangsues.

Les serpules habitent au fond de la mer un tube formé par la sécrétion d'une matière assez semblable à celle qui forme la coquille des mollusques ; mais elles se distinguent de ces animaux par une circonstance facile à reconnaître : il n'est aucun mollusque qui ne meure, quand on le sépare de sa coquille, à laquelle d'ailleurs son corps est intimement lié ; au contraire, les serpules peuvent être séparées sans accident de leur tuyau, et même elles en sortent de temps en temps pour pourvoir à leurs besoins, en se hissant le long des parois à l'aide des soies raides et crochues dont les anneaux anté-

8.

rieurs de leur corps sont garnis. Du reste, leur vie est très sédentaire, car leur tuyau est fixé invariablement aux rochers près desquels elles sont nées.

FIGURE 14.

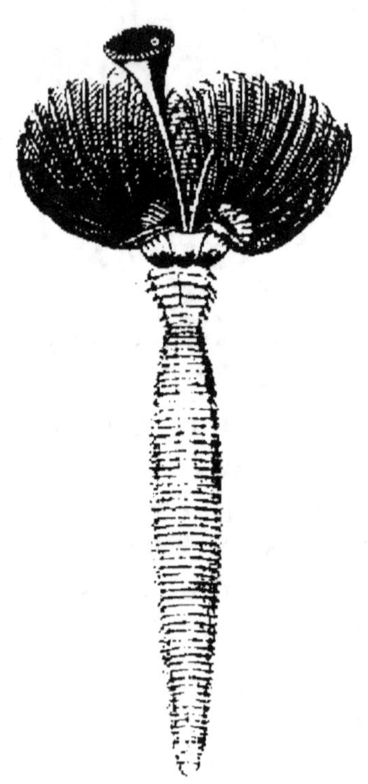

Serpule vermiculaire.

Les serpules sont encore remarquables par la beauté de leurs branchies. Celles-ci paraissent à l'entrée du tuyau comme un panache orné de couleurs variées de bleu, de rouge et de violet. On prend un véritable plaisir à voir plusieurs serpules réunies, épanouir ensemble ces aigrettes gracieuses: elles aiment à quitter leur fourreau quand la mer est calme et s'étaler mollement auprès de leur demeure, faisant jouer leurs branchies tant qu'aucune agitation de l'eau ne les effraie. Mais si le vent s'élève, si la pierre qui les porte est ébranlée, soudain la serpule rentre dans sa retraite et a soin d'en fermer l'ouverture aussi hermétiquement que possible avec un opercule, jusqu'à ce que le calme rétabli lui annonce qu'elle n'a plus rien à craindre.

Parmi les annelides marins, qui n'habitent pas dans des tubes pierreux, une des espèces les plus connues est celle des néréides, assez semblables, du reste, aux serpules, dont elles diffèrent cependant par la disposition de leurs branchies situées dans toute la partie moyenne du corps; elles nagent librement dans les eaux de la mer; mais elles ont l'instinct de ne s'écarter jamais des endroits où elles peuvent trouver de petites ouvertures pour se cacher au besoin. Au moindre danger, elles se blottissent promptement dans les fentes de rochers, dans les excavations des madrépores, des éponges, des coquilles de toute espèce; on en trouve aussi très souvent sous les pierres. Quelques espèces s'enfoncent dans le sable même, et s'y creusent une petite loge où elles peuvent demeurer à l'aise, mais sans s'y emprisonner longtemps.

Ces petits animaux, si délicats, si faibles, sont pourtant la terreur d'autres petits animaux plus délicats, plus faibles encore. Les néréides sont très avides de matières corrompues, mais elles font aussi la guerre aux polypes et aux petits vers qui habitent comme elles les eaux de la mer ; des animaux beaucoup plus agiles qu'elles deviennent souvent leur proie ; la néréide en effet se tapit sur le sable, en contractant fortement la partie antérieure de son corps ; quand sa proie est à portée, elle se bande subitement comme un ressort, et atteint l'ennemi avant qu'il n'ait eu le temps de fuir.

Les grosses espèces de néréides sont fort utiles aux pêcheurs, qui les regardent comme un excellent appât. Aussi les recherche-t-on soigneusement sur les bords de la Manche. A la marée basse, les femmes et les enfants fouillent dans les lieux vaseux et sablonneux, dans les intervalles des galets, où en général les néréides se tiennent cachées.

Le Ver de terre ! et pourquoi nous entretenir du ver de terre ? s'est peut-être déjà dit quelqu'un de nos jeunes lecteurs. Ne savons-nous pas tous ce que c'est qu'un ver de terre ? et d'ailleurs, quel intérêt peut avoir l'histoire d'un animal qui passe son existence à ramper sur la terre ou dans la terre, n'offrant aucune apparence d'organes, ne manifestant aucune ruse, aucun instinct ? On ne parlerait pas ainsi si l'on était bien persuadé de cette incontestable vérité, qu'il n'est dans la nature aucun être qui, bien observé, ne présente à notre admiration quelque digne objet ; tout ce qui a mérité les soins du Créateur mérite bien l'attention de l'homme, et sans doute le ver de terre a son rôle à jouer, lui aussi, sur la scène de ce monde.

On sait que le corps du ver de terre est revêtu d'anneaux d'une certaine consistance joints par une peau molle qui se contracte aisément ; c'est

par des contractions et des dilatations alternatives
que le ver s'enfonce dans la terre, et qu'il peut s'a-
vancer assez vite sur le terrain. Est-il placé sur une
surface un peu lisse, il a une ressource pour ne pas
glisser à chaque effort ; ses anneaux portent des
poils raides et tournés en arrière ; et ces appendices,
les seuls que l'on remarque sur son corps, suffisent
pour lui donner le moyen de se diriger à son gré.

Du reste, les lombrics paraissent sourds et aveugles ; mais, en revanche, leur toucher est d'une délicatesse extrême ; pour peu qu'on agite la terre dans
les environs de leur demeure, ils en sont avertis
par le contact plus immédiat des parois, et se hâtent
de quitter leur gîte ; mais ils ne peuvent longtemps
demeurer exposés au soleil ou à l'air ; on les voit à
peine sortir de la terre, tâtant de côté et d'autre le
terrain avec la partie antérieure de leur corps al-
longé, pour chercher quelque retraite : s'ils n'en
trouvent pas, ils se dessèchent bientôt et ne tardent
pas à mourir. Malgré la mollesse de leur corps et le
défaut total de membres et de parties solides, les
lombrics n'en parviennent pas moins à établir des
galeries assez profondes. Pour cela, ils contractent
leur lèvre afin de l'affermir, s'en servent comme
d'une espèce de vrille, avalent la terre qu'ils déta-
chent, et la rejettent derrière eux en petits tas. Ils
se nourrissent de matières animales et végétales en
décomposition. On sait que pour faire sortir les vers
de leur trou, il suffit de remuer la terre avec un
bâton que l'on y enfonce. Les vers inquiets remon-
tent bientôt à la surface, craignant l'approche de la
taupe, le plus redoutable de leurs ennemis. On peut
encore les trouver errants sur le sol, le soir, par

un temps humide, dans les prés et les jardins.

Tout le monde sait quel usage les pêcheurs font du ver de terre pour amorcer leurs lignes, car les poissons en sont fort avides. Du reste, ils ne nous servent pas plus qu'ils ne nous nuisent ; il n'est pas d'existence plus innocente que la leur. Les mutilations que leur font souvent éprouver la bêche et les autres outils du jardinier ou du laboureur ne sont pas toujours pour eux des blessures mortelles, quoiqu'il ne soit guère probable que les différentes parties coupées reproduisent toutes un animal entier ; cependant il est certain que la partie antérieure, qui contient les principaux organes, peut aisément se compléter après un temps assez court.

Il appartient aux annélides de fournir un être, qui sert non pas à l'agrément de l'homme, non pas à sa nourriture, mais qui lui rend d'importants services en contribuant à le guérir dans une foule de maladies ; c'est la sangsue, à l'aide de laquelle on peut pratiquer des saignées abondantes dans presque toutes les parties du corps, et prévenir ainsi beaucoup d'accidents fort graves, plus aisément que par la saignée ordinaire. Ces animaux célèbres ne sont pas seulement intéressants pour la médecine, mais leur histoire, que l'on a étudiée de nos jours avec beaucoup de soin, mérite sous plusieurs rapports de fixer les regards de l'observateur, qui aime à contempler la variété si étonnante que l'auteur de toutes choses a voulu mettre dans ses œuvres.

Les sangsues ne semblent pas favorisées sous le rapport des sens. Elles n'entendent pas, elles ne sentent pas les odeurs, les yeux leur manquent,

elles n'ont qu'un goût fort peu développé, s'il existe;
le toucher seul est chez elles très délicat. Au

FIGURE 15.

Sangsue médicinale.

moindre attouchement, on les voit se contracter

d'une manière très remarquable. Mais cela suffit-il pour expliquer un étrange phénomène, la facilité avec laquelle elles semblent se diriger, tout aveugles qu'elles sont. Les recherches anatomiques n'ont pas fait apercevoir sur leur corps les organes de la vision; cependant on les voit se tourner vers la lumière, et ce qui est plus étrange, arriver par une marche assez sûre vers les membres plongés dans l'eau non loin d'elles. Qui les avertit de la présence de la proie dont elles vont se nourrir? Si nous ne pouvons l'expliquer, il est certain du moins que le Créateur a su y pourvoir.

La manière dont les sangsues s'avancent sur le sol est fort remarquable, et leur démarche ressemble un peu à celle de certaines chenilles que nous nommerons *arpenteuses* (voir Histoire des insectes). La sangsue est munie à chaque extrémité de son corps d'une ventouse par laquelle elle peut s'attacher aux objets. Veut-elle s'avancer. elle se fixe par la partie postérieure de son corps, allonge autant que possible, en l'amincissant, la partie antérieure avec laquelle elle tâte çà et là le terrain ; quand elle a trouvé un point convenable, elle fait agir à son tour la ventouse antérieure qui lui sert à prendre un nouveau point d'appui, détache la ventouse postérieure, se contracte de manière à prendre à peu près la forme d'une boule un peu allongée, en ramenant tout son corps vers la tête, et fixant de nouveau la ventouse qu'elle vient de détacher, elle porte la tête en avant pour faire un second pas. Cette démarche ne semble pas commode, sans doute, mais cependant les sangsues. quoiqu'elles n'aient aucune espèce de pattes, ne réussissent pas moins à s'avancer assez vite sur le sol. Dans l'eau, elles nagent avec une grande facilité en serpentant ; si elles veulent descendre de la surface, le moyen est plus simple encore : elles se roulent sur elles-mêmes, ou plutôt se contractent avec force, faisant occuper à leur corps le moins d'espace possible, et elles se laissent tomber comme une masse jusqu'au fond.

Veut-on savoir comment les sangsues, dont toute la substance paraît si molle, peuvent cependant entamer notre peau et nous sucer le sang avec tant de facilité? Qu'on place l'animal sur le membre qu'il doit piquer, il se fixe par l'extrémité postérieure et promène assez longtemps de tous côtés l'autre extrémité, cherchant l'endroit qu'il doit mordre. Dès qu'il l'a trouvé, il y pose ses lèvres, dont il forme d'abord une espèce de ventouse, en relevant la partie charnue qui se trouve entre elles ; ainsi la sangsue attire le sang pour l'absorber plus aisément. En même temps elle redresse et durcit, par une contraction, trois tubercules garnis de petites dents ou de petits crochets ; elle fait agir cet organe comme une roue dentelée ou comme une scie ; les crochets pénètrent bientôt à travers l'épiderme, et arrivent jusqu'aux petits vaisseaux, qu'ils rompent à leur tour, pour que le sang puisse s'en échapper : c'est la manière dont s'opère la piqûre de la sangsue, et non pas son étendue et sa profondeur qui causent cette douleur qui l'accompagne, assez vive quelquefois quand elle se fait sur des parties très sensibles ; c'est à l'action de ces trois tubercules à la fois que tient la forme toute particulière de la plaie, qui ressemble à une petite étoile à trois pointes. Une fois l'ouverture faite, la sangsue attire le sang avec une telle avidité, qu'elle en remplit tout son corps jusqu'à se gonfler d'une manière extraordinaire. Quand elle est ainsi gorgée, si on ne la force pas à rendre le sang qu'elle a avalé, elle est quelquefois plus d'un an à le digérer entièrement. Cette lenteur de digestion explique comment les sangsues peuvent supporter la diète pendant de longs espaces de temps. On sait qu'elles se conservent des années entières enfermées dans des bocaux, où elles n'ont aucune espèce de nourriture : leur appétit est si faible alors, que s'il y a peu de temps qu'elles n'aient servi, elles refusent absolument de mordre, et pour servir utilement elles ont presque toujours besoin d'être excitées par des moyens artificiels.

Les sangsues se plaisent dans les mares, les flaques d'eau et les ruisseaux qui coulent doucement et s'échauffent assez vite. Pendant l'hiver, elles semblent disparaître, parce qu'elles se tiennent blotties dans la vase où elles s'engourdissent. On a fait dans ces dernières années une telle consommation de sangsues pour les usages de la médecine, qu'elles ont paru diminuer en quelques endroits, et qu'elles sont devenues l'objet d'une branche de commerce considérable ; tous les pays du nord de l'Europe ainsi que l'Italie et l'Espagne en fournissent une immense quantité ; mais la France en a beaucoup moins, et en Angleterre elles sont si rares, que de temps en temps une seule sangsue s'est payée vingt francs de notre monnaie. En France, la cherté des sangsues tient principalement à l'emploi vraiment démesuré que l'on en a fait pendant quelques années, avant qu'on eût adopté l'usage des ventouses scarifiées, qui paraissent appelées à remplacer les sangsues dans plusieurs cas, et sont beaucoup plus commodes.

Il y a dix ou douze ans on en faisait entrer à Paris jusqu'à trois cent mille par an, pour les seuls hôpitaux. Les pays où les sangsues abondent, en expédient une grande quantité, jusque dans les colonies.

La pêche des sangsues est fort amusante pour le spectateur, quoiqu'elle le soit moins peut-être pour celui qui la fait lui-même. Plusieurs hommes, femmes ou enfants, s'en vont un à un, un sac mouillé à la main, vers le marais que nos animaux habitent de préférence : ils y descendent, les jambes nues, et s'y promènent çà et là, pour attirer les sangsues par l'appât qui leur est présenté, tout en ramassant celles qui nagent aux environs. Beaucoup d'autres sangsues arrivent pour s'attacher à la peau du pêcheur, qui les saisit et les rassemble dans son sac, avant de leur avoir donné le temps de piquer : mais quelle que soit l'attention avec laquelle il veille à ses jambes, il n'en arrive pas moins souvent que quelque sangsue plus prompte pique avant d'être saisie, et que le pêcheur sorte de l'eau tout en sang.

Il faut pêcher les sangsues avec discernement : ce n'est pas qu'il y en ait, comme quelques personnes le croient, dont la morsure soit plus dangereuse que celle des autres, mais c'est qu'une espèce fort commune, appelée sangsue de cheval, refuse absolument de s'attacher à la peau de l'homme.

On conserve les sangsues, après les avoir recueillies dans les mares, en les renfermant dans des bocaux ou des vases, dont la capacité doit être proportionnée au nombre des individus qu'on y renferme. En général elles vivent fort bien dans ces petits réservoirs, quand on a soin de renouveler l'eau fréquemment pendant les chaleurs. Nous avons vu qu'elles se passaient aisément de nourriture assez longtemps pour qu'il fût complètement inutile de mêler à l'eau où elles sont plongées, quelque substance alimentaire ; mais il arrive souvent que les sangsues meurent en grand nombre, dans les vases les plus propices, dans l'eau la plus fraîche, parce que leur corps se charge d'une humeur visqueuse, dont elles ne peuvent se débarrasser, comme dans l'état naturel, en se frottant contre les herbes ou en rampant dans la vase. Le meilleur moyen de leur sauver ce danger, est de disposer au fond de leur bassin un lit de mousse, sur lequel elles puissent se promener à leur gré.

Terminons par un extrait des curieuses observations qui ont été faites, sur la première période de la vie des sangsues. Un naturaliste avait dans un bocal plusieurs individus, de l'espèce appelée sangsue cendrée, qui est fort commune dans presque tous les ruisseaux. Au bout de quelques jours il vit collée à la paroi du vase une coque qui venait d'y être pondue ; une sangsue se promenait sur ce cocon, l'examinant avec beaucoup de soin, le pressant avec force contre le verre pour l'y attacher plus solidement, le maniant et le remaniant jusqu'à ce qu'elle eût fait disparaître un pli, qu'on remarquait sur le cocon, et qui sans doute aurait nui au développement de sa progéniture. La coque, ovale et fort aplatie, avait deux lignes et demie de long sur une ligne et demie de large ; la couleur était d'un vert jaunâtre, mêlé de noir aux extrémités. Le même jour on pouvait apercevoir à l'intérieur douze petits grains ronds, disposés irrégulièrement, et de couleur plus claire que l'enveloppe. En peu de jours ils avaient commencé à grossir, et semblaient écumeux à l'intérieur. Le sixième jour, on y distinguait les petits vivants, qui se mouvaient les uns sur les autres, mais leur corps n'avait pas encore de forme bien déterminée. Le dixième jour, chaque petit avait considérablement grandi, et le douzième on pouvait distinguer sa ventouse. Cependant la coque s'était grossie et tendue à mesure que les petites sangsues se développaient ; toutes les fois qu'elles se mouvaient à l'intérieur, et qu'elles passaient devant une des extrémités de leur petite cellule, leur instinct les avertissait d'y donner un coup de tête ; ces petits chocs, faibles sans doute, mais répétés souvent, finirent par produire un enfoncement, puis une ouverture. Alors tous les petits animaux essayèrent de sortir ; l'ouverture, trop étroite, les arrêta quelque temps, enfin l'un d'eux s'échappa et fraya la route aux autres, qui l'eurent bientôt suivi. A peine sorties, toutes ces petites sangsues se mirent à ramper ou à nager aux environs avec beaucoup d'agilité ; cependant elles n'avaient encore que trois lignes de long, et leur grosseur n'était guère que celle d'un fil ordinaire.

TROISIÈME PARTIE.

RAYONNÉS OU ZOOPHYTES.

CHAPITRE PRÉLIMINAIRE.

ORGANISATION DES ZOOPHYTES.

A nos regards se présente une série d'êtres, flottant, pour ainsi dire, sur les limites du règne animal et du règne végétal, sans qu'il paraisse possible de déterminer bien nettement la place qui doit leur être assignée. Si nous devons trouver en eux quelques fonctions qui semblent réservées exclusivement aux animaux, nous en trouverons d'autres qu'ils accomplissent comme les plantes. Aussi ces êtres ont-ils été appelés *animaux-plantes* (zoophytes) ou rayonnés, à cause de la forme que présentent un grand nombre d'entre eux. Nous ne trouverons parmi eux, à peu près aucune trace de cet instinct que nous avons tant admiré chez des êtres plus favorisés, et cependant nous verrons encore la sagesse et la prévoyance divine éclater d'une manière merveilleuse dans l'organisation, la conservation, la propagation de ces créatures; nous en verrons plusieurs espèces, malgré leur infinie petitesse, remplir un rôle important dans la nature, comme si Dieu voulait faire éclater davantage sa force et sa puissance par la faiblesse des moyens qu'il emploie. Notre œil, aidé des instruments nécessaires, découvrira des prodiges dans un monde entier, qui échappe ordinairement à nos sens, monde aussi riche peut-être dans le point inappréciable qui le renferme, que le vaste univers dont notre regard cherche en vain les bornes. Tout est prodige autour de l'homme : qu'il contemple ce qui est au-dessus et ce qui est au-dessous de lui, tout le confond, tout l'oblige à s'anéantir devant une puissance, une sagesse infinie, que tout lui révélerait, quand sa propre vie ne serait pas le premier des prodiges, le premier des bienfaits de cette suprême intelligence.

L'organisation des Zoophytes est extrêmement simple, en général. Les organes du mouvement et des sens, quand on peut les observer, paraissent groupés comme des rayons autour d'un centre : leur système nerveux est à peu près nul. La respiration est en général une espèce d'absorption qui se fait sur toute la surface du corps : tous les organes de la digestion se confondent souvent en un seul ; cependant les zoophytes offrent encore parmi eux des différences assez tranchées pour qu'on les ait divisés en trois sous-embranchements :

Les *Zoophytes vermiformes*, les plus petits de

tous, et cependant les mieux conformés, parmi lesquels nous trouverons les Infusoires ;

Les *Rayonnés* proprements dits , dont le nom indique la forme générale ;

Enfin les *Zoophytes spongiaires* , qui ne semblent plus que des masses gélatineuses privées de toute sensibilité , et qui occupent le dernier degré de l'échelle animale.

CHAPITRE PREMIER.

ZOOPHYTES VERMIFORMES OU INFUSOIRES.

Un des Zoophytes dont l'organisation est la plus complète, est cependant un animal microscopique, le Rotifère, qui se trouve en grande abondance dans les eaux stagnantes. Il est ainsi nommé parce qu'il a la propriété de faire tourbillonner l'eau pour attirer vers sa bouche les molécules dont il se nourrit. Les rotifères, dont une multitude habiterait dans une goutelette d'eau, ont cependant une bouche, dont le microscope aide à distinguer les mâchoires, et qui est entourée d'une frange de cils.; ils ont un estomac, un intestin, et quelques observateurs ont aperçu sur leur tête des points noirs, qu'ils croient être des yeux. De quelle admirable délicatesse ne doivent pas être des organes aussi multipliés chez d'aussi petits animaux ! Quelle incroyable divisibilité de la matière est attestée par leur existence ! Ces êtres imperceptibles se nourrissent cependant avec d'autres êtres, auprès desquels leur taille est gigantesque; ils séparent peut-être leur proie pour l'engloutir plus aisément; et cette

FIGURE 16.

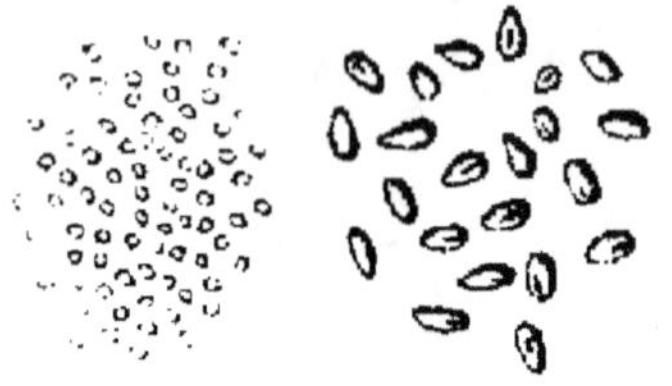

Volvoces monade.

proie, digérée dans leur estomac, sert à nourrir leur corps en s'y répandant par des vaisseaux dont la ténuité passe tout ce que notre imagination peut

FIGURE 16 BIS.

Rotifères.

se représenter. Et qui sait où s'arrête la série de ces petits animaux? Qui sait s'ils ne sont pas les colosses de toute une création mille fois plus inappréciable à tous nos instruments! que l'homme est vain quand il se flatte de pénétrer tous les secrets de l'univers ! comme l'orgueil, dont sa faible science le remplit, devrait se briser à cette seule pensée, qu'il n'est pas une parcelle de poussière dont il puisse jamais se flatter de connaître la composition d'une manière certaine ; que, ce qu'il appelle matière inerte est peut-être une collection d'êtres vivants ! Heureux l'homme, qui en apprenant, peut se convaincre que tout ce qu'il sait n'est rien à côté de ce qu'il ne sait pas, et qui consent à humilier son intelligence devant cette intelligence souveraine, dont presque toutes les opérations sont pour nous des mystères que notre raison en ce monde ne saura jamais percer.

La vie de nos rotifères offre encore une autre merveille. L'eau est essentielle à leur mouvement, à la manifestation de leur existence ; mais, s'ils peuvent vivre dans une goutte d'eau, combien cet asile peut promptement leur manquer ! il suffit d'un rayon de soleil, de la seule action de l'air pour dessécher les gouttelettes où nageaient nos petits animaux : seront-ils donc exposés à périr si vite ? Non. La Providence leur a ménagé contre ce danger de tous les instants une admirable ressource. Quand l'eau leur manque, leur vie est suspendue aussitôt, mais sans s'éteindre encore ; elle peut se prolonger sans aucun signe extérieur pendant plusieurs semaines, et, si on humecte l'endroit où se trouvent réunis des rotifères desséchés, ils reprennent ordinairement le mouvement avec l'existence, du moins, quand l'eau ne leur est pas rendue après un trop long intervalle de temps.

Une dernière preuve de la perfection assez grande de l'organisation chez ces petits êtres , c'est qu'ils naissent d'œufs , qui se séparent du corps de la mère. Ainsi, les phénomènes que nous avons admirés dans les grands animaux , et qui avaient pour théâtre l'étendue des terres et des mers , se reproduisent dans un monde dont les limites sont les limites d'une goutte d'eau !

Les gouttes d'eau croupies ou infusées avec des plantes , que l'on examine au microscope , présentent un étrange spectacle. Les rotifères dont nous venons de parler, ne sont que l'une des innombrables espèces d'animaux que l'on y rencontre, et qui, quoiqu'on les ait réunis dans l'embranchement des zoophytes, n'en semblent pas moins devoir, par la diversité de leurs formes et de leurs organes , appartenir à des classes tout à fait isolées les unes des autres. Ce qu'ils ont de commun, c'est cette petitesse incroyable qui leur permet de s'agiter par milliers dans une goutte d'eau , sans s'y choquer, sans s'y gêner plus que les poissons d'un étang ; de s'y livrer quelquefois des combats acharnés , sans que leurs mouvements les plus brusques produisent dans les petites masses d'eau la moindre agitation sensible. On découvre, nageant ensemble, la monade, cet animal si petit , que, pendant longtemps, les meilleurs microscopes ne le faisaient apercevoir que comme un point, et pourtant, dans lequel on vient de découvrir jusqu'à quatre estomacs à l'aide d'instruments perfectionnés ; les volvoces, plus grands que les monades , qui roulent constamment sur eux-mêmes , comme le feraient de petites boules agitées sur un plan parfaitement lisse ; les vibrions qui exécutent sans cesse des mouvements ondulatoires ou des vibrations étranges, et qui sont réunis quelquefois en grand nombre d'une manière fort régulière ; les protées, à la forme insaisissable, qui ressemblent tantôt à une étoile, tantôt à une boule, ou s'allongent en ligne pour devenir bientôt pareils à des croissants ; ces petits vers, enfin, connus sous le nom d'anguilles de la pâte, paraissant contenir à l'intérieur une espèce de tire-bouchon, qui n'est autre chose qu'un sac rempli de petites anguilles prêtes à nager au moment où elles quitteront leur étroite prison.

A cause de la petitesse de ces animaux et de la difficulté des expériences, on n'avait pas craint d'avancer et de soutenir autrefois que leur naissance était spontanée ; qu'il suffisait qu'une goutte d'eau séjournât un certain temps dans un lieu quelconque, pour qu'elle se remplît de petits animaux qui auraient la vertu de se produire eux-mêmes. Mais non ; les lois que Dieu a établies sur la nature régissent tous les êtres, et il ne lui est pas plus difficile d'y assujettir les plus petits que les plus grands. Aucune chose ne se produit d'elle-même ; jamais la vie ne sort de la matière inanimée, le mouvement, de la substance inerte ; nul être n'est introduit dans le monde sans la volonté du Créateur. Des expériences nombreuses ont démontré que la putréfaction, contrairement à une opinion assez généralement répandue, est impuissante à rien créer.

Il est prouvé que les germes des animaux infusoires sont apportés dans l'eau par les substances végétales ou animales qui y ont séjourné, et que tandis qu'une goutte d'eau parfaitement distillée restera privée d'habitants, il suffira d'avoir fait infuser quelque plante dans ce liquide, pour que les petits zoophytes y fourmillent en peu de temps. Du reste ces animaux se reproduiront de différentes manières, tantôt par des œufs, tantôt par des parcelles séparées de leurs corps qui se développeront et formeront des êtres entiers.

Une foule de zoophytes vermiformes, d'une taille beaucoup plus considérable que les précédents, se développent dans l'intérieur d'autres animaux, et par exemple dans les viscères d'un grand nombre de mammifères et d'animaux des classes supérieures ; c'est pourquoi ils ont été appelés *entozoaires*. Tel est le fameux *ténia*, appelé ver solitaire d'après la fausse opinion qu'il vit isolé dans les intestins de l'homme, où il arrive quelquefois que l'on en trouve plusieurs. Ces vers parasites, qui peuvent atteindre jusqu'à quinze ou vingt pieds de long, pompent à l'aide de leurs suçoirs les sucs contenus dans les intestins ; ils s'approprient les aliments destinés à la personne ou à l'animal qui les renferme, et qu'ils épuisent ainsi en peu de temps, quoique le malade satisfasse par d'abondants repas l'appétit dont il est ordinairement dévoré.

On est étonné sans doute que le ténia puisse se maintenir dans les intestins mêmes sans être entraîné par les matières qui les traversent ; leur organisation explique ce phénomène : ils ont tout le corps garni de crochets courbés de telle sorte que, tout en attachant le zoophyte aux parois du tube intestinal, ils laissent couler, sans y pénétrer en aucune façon, tous les corps qui passent au-dessus.

Cette propriété rend très difficile la réussite des moyens employés pour les expulser. D'ailleurs, il suffit que quelque petite partie du corps reste dans une sinuosité de l'intestin, pour qu'elle devienne bientôt un ténia complet.

CHAPITRE II.

RAYONNÉS PROPREMENT DITS.

L'animal rayonné par excellence est certainement l'Astérie ou Étoile de mer, dont le corps, divisé en

FIGURE 18.

Étoile de mer.

cinq rayons réguliers, représente en effet assez bien une étoile. Les astéries sont des animaux carnassiers qui avalent leur proie par une cavité située au centre des rayons, et en rejettent les débris par la même ouverture. On croirait qu'un animal conformé d'une manière si bizarre s'en va flotter au gré des eaux, incapable de tout mouvement, comme une pierre dont il a l'apparence ; mais cet animal, tout imparfait qu'il est réellement, a cependant la faculté de se fixer, de se mouvoir à volonté ; il a tout le corps muni d'appendices à ventouses qui le font adhérer même aux corps très lisses ; il peut allonger et contracter, plier dans tous les sens ses rayons, et ainsi s'avancer peu à peu pour aller chercher sa nourriture : s'il fait périr plusieurs espèces de mollusques pour les dévorer, lui-même est souvent déchiré par les poissons ; mais à moins qu'il ne soit englouti tout entier, bien rarement les mutilations qu'il est sans cesse exposé à recevoir, sont pour lui des blessures mortelles. L'astérie est douée d'une force de reproduction telle que l'on voit souvent le corps de l'animal privé de presque tous ses rayons, s'étendre et se développer de manière à reformer une astérie nouvelle ; seulement, comme nous l'avons remarqué pour les écrevisses, les parties reproduites n'acquièrent jamais la force des précédentes : c'est pour cela que l'on rencontre tant d'astéries irrégulières.

L'aspect des oursins est encore plus extraordinaire que celui des étoiles de mer. Ce sont comme celles-ci des habitants de la mer, répandus sur toutes les côtes de la Méditerranée. Ils préfèrent en général les lieux sablonneux ; peut-être est-ce afin d'avoir la facilité de s'enfoncer dans le sable quand, sur les côtes de l'Océan, la marée les abandonne sur le rivage. Du reste, il n'est pas bien difficile de découvrir leur retraite ; elle est presque toujours indiquée par un petit trou en entonnoir qui se remarque à la surface du sable. On dit que l'oursin est pour les pêcheurs une espèce de baromètre, par la position qu'il prend sur le rivage. Dans le beau temps, il approche du bord et s'enfonce peu dans le sable ; quand un gros temps menace, l'oursin, de peur d'être roulé par les lames, ou brisé contre les rochers, se retire dans une eau plus profonde, et se cache presque en entier dans le sable.

Quoique l'oursin, à peu près rond, soit revêtu de toutes parts d'une matière calcaire, et n'ait pour organes extérieurs que des épines mobiles et des suçoirs, il ne laisse pas d'exécuter avec assez de promptitude les mouvements dont nous avons parlé. Quand il veut changer de place, il allonge autant que possible et d'une manière vraiment étonnante une partie des suçoirs qui se trouvent dans la direction qu'il veut suivre ; il les fixe à quelque corps solide au moyen des ventouses qui les terminent, les resserre, et peut ainsi avancer son corps vers le point où ils sont attachés. Par le même moyen répété autant de fois qu'il est nécessaire, il avance en tournoyant, mais non pas en roulant au hasard. Quand l'oursin n'est pas sur un terrain solide, et qu'il ne peut faire agir ses suçoirs à ventouses, il se sert de ses piquants, les allonge, les incline, les relève, les fait agir de toute façon, parvient encore à se faire ainsi rouler, et comme il a des piquants de tous côtés, il peut avec la même facilité se diriger dans tous les sens.

Les oursins, comme les astéries, sont carnassiers ;

ils saisissent leur proie en collant sur son corps leurs appendices à ventouses, et une fois qu'ils l'ont assujettie de cette manière, elle est bientôt broyée et avalée.

On recherche beaucoup les oursins sur les côtes de la Méditerranée, pour les manger quand ils sont pleins d'œufs; l'intérieur de leur corps est alors mou et d'une belle couleur rougeâtre; le goût de ces œufs est fort agréable et rappelle un peu celui des écrevisses; on les mange en introduisant des mouillettes dans l'intérieur de l'enveloppe épineuse qui recouvre l'animal, comme on mange un œuf frais dans sa coquille.

Les oursins sont assez bien défendus contre leurs ennemis par leur cuirasse hérissée de pointes : d'autres rayonnés le sont peut-être mieux encore, quoique leur corps soit d'une mollesse extrême et semble abandonné sans aucune protection à la main qui voudra les saisir. Nous voulons parler des acalèphes, dont la principale est connue sous le nom formidable de Méduse.

Une masse semblable à de la gelée, d'une forme arrondie, un peu concave à l'intérieur, et garnie de filaments qui flottent en rayonnant autour de l'ouverture qui représente la bouche, tel est cet étrange animal répandu à profusion sur la surface des mers. Malgré la mollesse de son corps, il peut se diriger dans les temps calmes par des contractions et des dilatations alternatives. Du reste, ces mouvements doivent être bien restreints, et les muscles qui les produisent bien faibles, car l'animal paraît n'être composé que d'une pellicule et d'une membrane excessivement fine et gonflée d'eau salée, à tel point que, lorsqu'on le presse, toute sa substance semble se réduire à quelques globules de gelée; le reste n'est plus qu'une eau limpide, ayant absolument le même goût et les mêmes propriétés que l'eau de mer. Cet ani-

FIGURE 19.

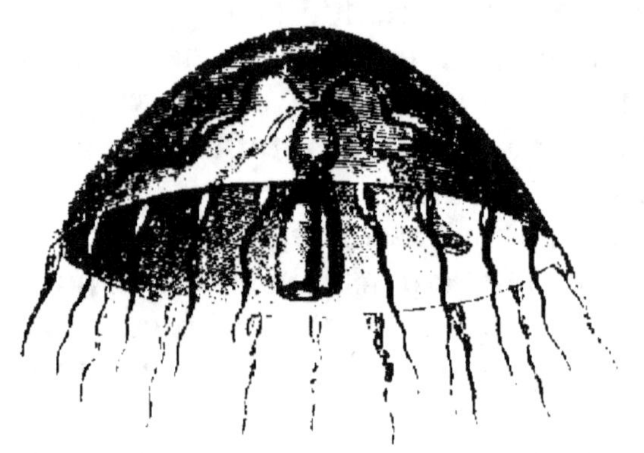

Méduse.

mal est pourtant redoutable à un grand nombre de petits habitants de la mer. Avec les filaments transparents et invisibles qu'il laisse se balancer sur les flots autour de lui, il saisit les mollusques, les poissons même nouvellement sortis de l'œuf, qui sont tombés dans l'embûche qui leur était tendue, et en fait sa nourriture.

Les méduses elles-mêmes ont beaucoup d'enne-mis; elles ne peuvent résister aux plus grands, comme les cétacés, qui les engloutissent par cen-taines, mais elles sont armées contre des animaux plus petits et contre l'homme. Quand on vient à les toucher avec une partie nue de la peau, on sent aussitôt une douleur analogue à celle des orties, mais beaucoup plus forte : le membre atteint enfle considérablement, et devient, pour quelques moments, presque incapable de se mouvoir ; aussi les méduses sont-elles fort dangereuses pour les nageurs, et faut-il se baigner près du bord, dans les mers où elles abondent, afin de pouvoir, si l'on est atteint par l'une d'elles, gagner le rivage au plus vite, avant que l'enflure ne soit trop considérable.

Du reste, les méduses se tiennent rarement près des côtes ; leur instinct les avertit que le moindre vent les briserait contre la côte ; elles s'efforcent en général de se tenir en pleine mer, et quand la brise les conduit vers le rivage, elles luttent autant qu'elles le peuvent pour lui résister ; mais quand le vent est un peu fort, cette lutte est inutile, et on trouve souvent un grand nombre de méduses échouées sur les bords de la mer. Leur corps, presque invisible pendant le jour, est phosphorescent et brille pendant la nuit. On a fait une foule d'expériences sur cette propriété des méduses ; Spallanzani a reconnu d'abord que les parties de la méduse les plus capables de répandre un vif éclat, sont les tentacules, ou les bras, et la cavité de l'estomac, qui s'aperçoit aisément à travers la peau diaphane. La lueur phosphorescente est due, selon toute apparence, à une humeur gluante et visqueuse qui s'échappe de la surface des parties que nous avons citées. C'est une humeur qui n'a aucun rapport avec celle que le corps entier de l'animal laisse écouler ordinairement, ni même avec le liquide qui se répand quand on le coupe en morceaux. L'humeur phosphorique se reconnaît à sa propriété corrosive : elle occasionne une douleur aiguë, quand on l'applique sur la langue, sur les lèvres, et en général même sur tous les endroits très sensibles de la peau. Quand on mêle cette liqueur avec de l'eau, et surtout avec du lait, elle leur communique une lueur phosphorique très vive dans l'obscurité. On exprima une seule méduse dans un vase de lait qui en contenait huit cents grammes : ce lait, placé dans un endroit ténébreux, parut si resplendissant, qu'à trois pieds de distance il éclairait le papier de manière à permettre d'y lire facilement des caractères très fins. Il conserva longtemps cet éclat, et onze heures après il répandait encore quelque lueur. On imagina alors d'essayer de la raviver en agitant la masse : la clarté phosphorique reparut entière ; seulement elle s'affaiblit plus vite que la première fois : on put la ranimer par plusieurs agitations successives, enfin quand ce moyen ne réussit plus, la chaleur d'un foyer produisit encore des effets de lumière remarquables.

La méduse continue souvent à briller dans la nuit quelque temps après sa mort, et l'éclat se conserve parfaitement quand on arrose avec de l'eau douce le corps de l'animal.

La lueur de l'animal vivant est irrégulière quand il est en mouvement : elle augmente quand la méduse se contracte, diminue quand au contraire elle se dilate. En effet, puisque cette lumière est produite par une humeur qui sort de l'animal, elle doit être plus vive toutes les fois que les contractions expriment plus rapidement cette liqueur ; elle doit s'affaiblir quand l'animal, développant ses organes, ne les oblige plus à répandre les liqueurs dont ils sont remplis. La propriété phosphorique se communique à l'eau environnante où la méduse est plongée. Aussi entre les tropiques, où les méduses errent sur les flots en bancs considérables, elles offrent, pendant les ténèbres, aux regards du navigateur, le magnifique spectacle d'une mer toute en feu.

On donne le nom d'acalèphes hydrostatiques à des espèces voisines des méduses ordinaires, qui se soutiennent à la surface des flots à l'aide d'une ou plusieurs vessies aériennes. Ces êtres singuliers se rencontrent très fréquemment dans l'Océan Atlantique, au sud de l'équateur. La forme allongée de leur corps donne l'idée d'un petit bateau ; la voile qui reçoit l'impulsion du vent est une crête mobile qui s'élève sur le dos de l'animal ; plusieurs tentacules qui s'attachent de côté et d'autre à la face inférieure du corps, tiennent lieu de rames, et frappent l'eau avec une sorte de mesure quand l'animal, enflant sa vessie, se soutient sur les flots et se dispose à voguer ; quand le vent est favorable, la petite nacelle s'avance assez rapidement à voile et à rames ; l'animal se sent-il fatigué, il laisse flotter ses tentacules qui ne servent plus que de gouvernail, et la voile seule reste ouverte au vent ; quand il est contraire, notre acalèphe peut encore se diriger en repliant sa voile, et en voguant à force de rames. Elle brille, comme la méduse, pendant la nuit, et la vue de petites nacelles lumineuses, traversant les ondes au milieu des ténèbres, délasse fort agréablement les regards du voyageur fatigué de n'apercevoir depuis longtemps que l'immense Océan et la voûte du ciel. Ce n'est

FIGURE 20.

Acalèphe ou physale.

que pendant les temps calmes que les acalèphe hydrostatiques se promènent ainsi à la surface de l'eau ; sitôt que les flots commencent à s'émouvoir elles se hâtent de vider leur vessie, et se laissent couler au sein de l'abîme, où elles ont bien moins à redouter le choc des vagues, pour reparaître avec le beau temps.

En avançant dans l'histoire des rayonnés, nous sommes arrivés à cette classe d'animaux que l'on prendrait pour des substances végétales ou minérales, si l'on ne jetait sur eux qu'un regard superficiel ; mais quelque simple que soit l'organisation des *polypes*, cependant on peut reconnaître, à la présence des tentacules, à l'aspect de l'appareil digestif, de véritables animaux ; les uns vivent isolés, les autres sont réunis en grand nombre, et travaillent à se construire, à frais communs, une demeure d'une solidité extraordinaire. Parmi les polypes isolés, les plus intéressants sont les actinies. A voir leurs tentacules s'épanouir à la surface de l'eau, qu'ils ornent des plus agréables couleurs, les navigateurs trompés ont dû les regarder longtemps comme des fleurs entr'ouvertes, et leur ont donné le surnom d'*anémones de mer*. En effet, quand elles se réunissent, par un temps calme et sous un ciel pur, à peu de distance du rivage, et se laissent flotter ensemble, absorbant les rayons lumineux qui semblent leur causer des sensations très vives, elles changent la surface qu'elles couvrent en un parterre orné des fleurs les plus gracieuses. Que le soleil disparaisse et que l'horizon s'assombrisse, l'éclat de nos actinies s'efface en même temps : elles contractent leurs tentacules, se laissent tomber au fond de l'eau, et vont se fixer aux rochers, où elles s'attachent ordinairement pour éviter d'être ballottées par les vagues.

11

La présence des actinies est , pour le navigateur,
un indice certain de beau temps ; l'été , il les rencontre près du rivage, l'hiver elles se tiennent en
pleine mer, où la température est plus égale. Dans
tous les temps, elles font la chasse aux petits crustacés , aux méduses elles-mêmes qu'elles saisissent
adroitement avec leurs tentacules.

FIGURE 21.

Actinie.

A la place des actinies , l'eau douce nourrit les
hydres, qui n'ont pas même de peau dure et solide,
comme ces dernières , et ne présentent qu'une masse
gélatineuse garnie de tentacules , sans qu'on distingue, du reste, aucun organe particulier pour la
nutrition, la sensibilité et le mouvement. Cependant ces animaux nagent, rampent et marchent aisément ; ils sont sensibles au moindre contact, car,
pour peu qu'on agite l'eau où ils se trouvent, on

les voit se contracter sur-le-champ. La lumière agit
à ce qu'il paraît sur toute la surface de leur corps
comme sur nos yeux, car, dès que l'on place un
corps opaque de manière à intercepter les rayons
qu'ils recevaient, on les voit s'agiter jusqu'à ce
qu'ils aient retrouvé cette lumière, qui semble leur
causer une impression agréable. Enfin ces petits
êtres se nourrissent eux-mêmes d'autres animaux
aquatiques, qu'ils attirent à eux par les mouvements de leurs tentacules ; ils les enlacent de leurs
replis, et, par une digestion réelle, ils s'incorpo-
rent des substances dont la consistance était auparavant plus grande que celle de leur propre corps.
Ils n'ont pas besoin d'un estomac particulier pour
que leur digestion s'opère ; leur estomac n'est autre
chose qu'un repli analogue aux autres parties
de l'animal ; du reste la surface, soit interne, soit
externe, peut en remplir les fonctions quand elle
est convenablement disposée. Tremblay, qui a étu-
dié ces animaux avec un soin extrême, et qui a fait
sur eux tant de curieuses observations, est parvenu
à en retourner un comme on retourne un doigt de
gant, et l'hydre n'en a pas moins continué à absorber et à digérer comme auparavant.

La multiplication des hydres nous offre des phénomènes non moins extraordinaires. On sait comment,
des bourgeons d'un cactus, s'élèvent des parties nouvelles semblables aux premières par leurs formes,
et susceptibles d'en être détachés pour former des
cactus nouveaux : cette végétation donne quelque
idée de la reproduction de nos hydres. Pendant
l'été, on voit, d'un point quelconque de la surface
d'une hydre déjà formée, s'élever une espèce de

petit bouton qui grandit et se développe peu à peu en prenant la figure de la mère. C'est vraiment un animal enté sur un animal, ou plutôt un tronc qui a momentanément plusieurs têtes, comme la redoutable hydre de la fable. L'être nouveau cependant acquiert peu à peu des tentacules; il devient capable de saisir et d'attirer sa proie comme sa mère; bientôt il s'en détache, va se fixer à quelque corps submergé, et déjà il est prêt à se reproduire de la même manière. On conçoit avec quelle rapidité la race des hydres doit se multiplier naturellement. Chose étrange pourtant! Par des moyens artificiels et violents en apparence, on peut multiplier ces animaux encore plus vite. Tremblay a prouvé, par ses expériences, qu'il n'y avait pas d'être qui eût une puissance de régénération pareille à celle des hydres. Il les a coupées longitudinalement et transversalement, et s'est aperçu que toutes les parties formaient, au bout de deux ou trois jours, une hydre entière. Il paraît même certain qu'un tentacule séparé peut se développer jusqu'à reproduire un animal parfait. Quelle admirable variété dans les moyens que le Créateur emploie pour conserver, pour perpétuer ses œuvres!

Quoiqu'il y ait des hydres marines, la plupart se trouvent dans les eaux douces, dormantes mais pures. On ne les trouve pas pendant l'hiver, parce qu'elles s'enfoncent dans la vase; mais l'été, elles sont abondantes sous plusieurs plantes aquatiques. On peut donc s'en procurer aisément; mais, par malheur, ce sont des animaux d'une petitesse extrême, presque microscopiques; et, quelque intérêt que puissent présenter les diverses expériences que nous avons indiquées, peu de personnes réussiraient à les répéter, parce qu'il faut joindre à une grande patience et à une grande adresse, d'excellents instruments. Heureusement, il se rencontre toujours quelques amis de la science auxquels aucun de ces moyens ne manque, et qui font jouir des fruits de leurs précieux travaux tous ceux qui ne pourraient les partager.

Au lieu des polypes que nous avons vus vivre isolés, nous allons contempler des associations nombreuses formées par d'aussi petits animaux, et qui, mettant en commun leurs forces individuellement si impuissantes, produiront des travaux gigantesques, immenses; des êtres, dont chacun en particulier échappe à nos regards, auront assez de pouvoir par leur réunion pour modifier sensiblement l'aspect extérieur de certaines parties de la terre. Mais faut-il nous en étonner? Quels moyens ne seraient pas efficaces quand ils sont employés par celui qui, d'un mot, a tiré le monde du néant!

On voit de temps en temps apparaître, dans la mer du Sud, des îles nouvelles dont aucun navigateur n'avait jusqu'alors soupçonné l'existence. Sans doute si l'homme, avec toutes les ressources de son industrie, eût voulu les fonder au milieu de l'Océan, il y eût perdu son travail et ses peines, dût-il y travailler des milliers d'années; eh bien! ce que l'homme ne pourrait faire est accompli par un petit animal. Quoique les Madrépores, ces étranges architectes, fréquentent des mers éloignées des nôtres, nos jeunes lecteurs pourront se faire une idée de leur forme et de la demeure qu'ils habitent. Il en est peut-être quelques uns d'entre eux qui ont été fort étonnés de voir, à la surface de quelque pierre, dans une carrière, des cellules durcies qu'ils ont prises sans doute pour un rayon d'abeilles pétrifié : c'était la retraite et l'ouvrage des madrépores qui vivaient avant le déluge. Depuis, leur industrie n'a pas changé. Les madrépores sont des zoophytes, munis de tentacules comme les hydres, qui habitent des espèces de cellules d'une substance pierreuse qu'ils expriment lentement de leur corps. Ils travaillent ensemble à former un gâteau qui les supporte tous, et forment une société parfaitement constituée, qui semble un seul être dont les divers membres agiraient avec un admirable concert. Leur vie ressemble beaucoup à celle des végétaux, car tout mouvement propre leur est interdit; leur sensibilité n'est guère plus développée que celle de la sensitive; cependant nous savons qu'il a été reconnu que ces êtres devaient prendre place à l'extrémité de la série des animaux.

Nous ne détaillerons pas les nombreuses espèces que les naturalistes ont reconnues; toutes offrent les mêmes particularités, toutes exercent les mêmes travaux. Les madrépores, en général, sont prodigieusement multipliés au fond des mers qui s'étendent au sud de l'équateur. Pressés comme les grains de sable sur les bords de la mer, ils occupent des espaces de plusieurs lieues par leurs files non interrompues; tous, occupés à absorber et à déposer les sels calcaires que la mer leur fournit, travaillent à augmenter les blocs immenses qui ont été formés par leurs devanciers; en même temps ils se multiplient, et les jeunes se mettent à l'œuvre près du lieu où ils ont pris naissance : ne trouvant plus de place, ils bâtissent sur les constructions anciennes ; les animaux qui les habitaient meurent bientôt ensevelis, mais leurs travaux restent pour servir de base à d'autres travaux. Les cellules s'ajoutent aux cellules, les gâteaux aux gâteaux, les œufs aux œufs ; le polypier qui s'appuie au fond de l'eau a crû insensiblement jusqu'à la surface, en même temps que ses autres dimensions se sont étendues. Un écueil à fleur d'eau est déjà élevé. la mer avec sa puissance formidable se chargera d'en faire une île.

Les vagues labourent et remuent les rochers, elles y amoncèlent du sable et des débris de tout genre qui peu à peu s'élèvent au-dessus des flots. Il est arrivé aussi que des terres semblables, préparées dans les abîmes de l'Océan pendant des siècles, ont été détachées par des tremblements de terre, et ont apparu tout à coup au-dessus du niveau des eaux.

Quand le navigateur a doublé le cap de Bonne-Espérance et qu'il se dirige vers la côte de l'Amérique, il passe au-dessus des demeures d'une incalculable multitude de madrépores, élaborant sans relâche des rochers nouveaux : un véritable rempart a été élevé par ces animaux autour des côtes de la Nouvelle-Hollande, et parfois les vaisseaux sont obligés de faire de longs circuits pour tourner un obstacle qui n'arrêtait pas la navigation il y a quelques siècles, et qui menace de l'interrompre entièrement sur des espaces considérables. Il paraît constant qu'un banc immense de madrépores s'étend sur une longueur de six cents lieues, depuis la côte de Malabar dans les Indes, jusqu'à la hauteur de l'île de Madagascar. On croit que la plupart des petites îles semées avec profusion dans l'Océan Pacifique, sont dues aux constructions de ces mêmes animaux, et l'on semble d'autant mieux autorisé à le penser, que très souvent ces îles communiquent entre elles par des bancs de rochers presque à fleur d'eau qui se sont élevés avec elles, et dont les pointes paraissent çà et là au-dessus des vagues ; quelquefois ces chaînes de rescifs sont tellement continues, que les habitants des îles s'y aventurent pour passer à gué de leur île jusqu'à d'autres îles assez éloignées.

Quelle que soit l'importance de ces énormes travaux des madrépores, il ne faut pas l'exagérer jusqu'à croire qu'ils posent les bases de leurs constructions dans des abîmes sans fond et les élèvent jusqu'à la surface des eaux à une prodigieuse hauteur ; il a été reconnu que les madrépores ne se plaisent pas à de très grandes profondeurs. Ainsi ils ne s'établissent que dans les lieux où les eaux de la mer sont assez basses : sur les montagnes, par exemple, qui s'élèvent au fond de l'Océan, et dont les sommets ne sont pas très éloignés de sa surface. Ainsi, ce sont les directions mêmes des chaînes de montagnes régnant sous les eaux d'un continent à l'autre, qui ont réglé les opérations des madrépores ; si l'on voit de longues files d'îles madréporiques se suivre sur une ligne parfaitement droite, ce n'est pas que par prodige les animaux aient combiné leurs constructions, c'est seulement parce que telle est la conformation des montagnes sur lesquelles ils habitent.

Ce fait maintenant établi par la science, que les madrépores ne commencent pas leurs travaux très loin de la surface, est d'autant plus important à constater qu'il renverse les systèmes de ceux qui voudraient se fonder sur la longueur du temps qui a été nécessaire à l'élévation des îles madréporiques, pour en conclure que le monde est beaucoup plus ancien que ne l'affirment les saintes Écritures. Contentons-nous de faire travailler les madrépores depuis la création ; quand ils ne devraient élever leurs bancs de rochers que d'un demi-pied ou d'un pied par siècle, en reconnaissant qu'ils ont pris pour point de départ les sommets rapprochés du niveau des mers, ils auront eu le temps d'élever bien des îles à une hauteur de trente ou quarante pieds, et certes les sols madréporiques n'ont guère cette épaisseur. La mer, en effet, les soulève ordinairement d'une manière assez considérable. Ainsi, dans les îles d'O-Taïti, de Timor, de Sumatra, on trouve des bancs de madrépores fort au-dessus du niveau de la mer, et nul ne prétendra sans doute que les zoophytes les aient conduits à cette hauteur ; mais des ébranlements souterrains les ont amoncelés les uns sur les autres, des bancs de sable se sont mêlés aux constructions des madrépores, et les îles se sont formées en partie avec les matériaux fournis par le sol lui-même, en partie par ceux qu'ont élaboré nos architectes marins.

Il est donc bien constant aujourd'hui que l'objection faite au témoignage de la Bible, n'avait aucun fondement : il en est de même de toutes les objections élevées par les savants : la science imparfaite encore semble parfois leur prêter appui, mais toujours la science perfectionnée les renverse. Ainsi en a-t-il été des systèmes géologiques et astronomiques, sur lesquels on s'était appuyé avec tant de confiance pour attaquer les livres saints ; tous ces systèmes réformés, complétés aujourd'hui, se réunissent pour rendre hommage à la vérité du récit de Moïse.

Dès que la mer a aidé les massifs nouveaux à s'asseoir au-dessus de sa surface, on voit un sol nu et grisâtre, qui de loin se confond avec les flots, car aucune trace de végétation et de vie n'y apparaît. Mais bientôt la mer y a roulé des blocs de pierre et des troncs d'arbres à demi décomposés ; les vagues apportent des graines qui germent sur le sol. La première végétation est faible encore ; mais en peu de temps les débris des plantes nourrissent le sol ; de nouvelles productions s'élèvent plus vigoureuses, les oiseaux y viennent faire leur demeure ; l'homme y réclame sa place, et vient par son industrie achever l'œuvre que la Providence a fait commencer par le dernier des animaux.

Parmi les îles madréporiques, il en est plusieurs qui présentent un aspect tout à fait singulier. L'île n'est à proprement parler qu'une bande de terre circulaire, une couronne solide, ornée de verdure, au milieu de laquelle un escarpement rapide mène à un bassin intérieur, dont la sonde ne peut atteindre le fond. Avec les indications que nous avons données, cette particularité s'explique aisément. Nous devons penser que les madrépores se sont mis à travailler autour du cratère éteint de quelque volcan sous-marin ; ils ont construit sur les bords rapprochés de la surface de la mer, mais la profondeur de l'espace intérieur a arrêté et limité leur ouvrage : il est probable seulement que, dans les îles où les bassins intérieurs n'ont pas une grande étendue, les madrépores, gagnant de proche en proche, finiront par les couvrir. Cette disposition, du reste, n'est pas rare, et dans certains endroits le nombre des îles madréporiques à bassin intérieur est à peu près égal à celui des autres îles.

Il n'est peut-être pas dans toute la nature un seul être qu'on ait aussi mal connu et qu'on ait eu autant de difficultés à classer que le Corail, cette

FIGURE 22.

Corail.

espèce d'arbuscule pierreux, rouge ou blanc, que l'on recueille au fond de la Méditerranée. Pendant fort longtemps les naturalistes, ne considérant que sa substance principale, l'ont regardé comme un simple minéral, remarquable seulement par sa forme étrange. Quelques uns lui faisaient faire un pas dans la série des êtres, et n'ayant égard qu'à cette forme, l'assimilaient à un arbrisseau, dont ils allaient jusqu'à décrire non-seulement les branches et le tronc, mais même la racine ; de la couche extérieure, moins dure que l'intérieure, ils firent l'écorce. Au commencement du dix-huitième siècle, un naturaliste, observant le corail à sa sortie de la mer, découvrit, disait-il, les fleurs de cet arbrisseau dans les petits corps rayonnés qui paraissaient sur différents points des branches, et qui, en effet, avaient assez l'aspect des corolles des fleurs. Le corail avait décidément pris place parmi les plantes, quand un naturaliste plus éclairé, Peyssonet, osa soutenir, malgré l'avis du célèbre Réaumur, que le corail n'était ni un minéral ni un végétal, mais bien la demeure d'un animal qui apparaissait sous la forme de prétendues fleurs. Cette opinion toute nouvelle fut d'abord universellement rejetée ; enfin les découvertes de Tromblon sur le polype d'eau douce, et l'examen plus approfondi du corail que l'Académie des Sciences fit faire par M. de Jussieu, renversèrent le vieux préjugé qui s'obstinait à rattacher le corail au règne végétal, et maintenant il n'est plus personne qui doute que les êtres découverts sur la substance pierreuse du corail ne soient de véritables animaux de l'embranchement des zoophytes.

Le corail, qui soutient les animaux réunis en un même polypier, a la forme d'un arbrisseau d'un pied et demi de hauteur environ, et qui n'atteint guère plus d'un pouce de diamètre. La partie la plus grosse, qui forme le tronc, commence par un épatement remarquable, dont on voulait faire la racine de l'arbuste, quoiqu'elle n'ait réellement ni l'usage ni la forme des racines. On ne peut lui comparer dans le règne végétal que cette base dilatée par laquelle certains fucus s'attachent aux rochers. Ce tronc se divise en branches fort irrégulières, subdivisées elles-mêmes quelquefois en petits rameaux. La partie centrale de cet arbuste, qui est fort dure, est revêtue d'une couche plus molle, dans laquelle circulent des vaisseaux communs à tous les animaux, qui sont eux-mêmes établis dans des loges collées à la seconde enveloppe. Ces cellules sont d'autant plus profondes que les rameaux sont plus jeunes ; les polypes qui les habitent sont blancs et mous ; d'un côté leur corps adhère aux vaisseaux qui règnent sous les cellules: de l'autre côté il est libre, et se termine par huit appendices qui rayonnent autour de la bouche, et qui sont destinés à lui amener, par leur mouvement, les petites molécules flottant dans l'eau qui baigne le corail. On trouve aussi à la base des cellules, de petits corpuscules jaunâtres presque imperceptibles ; ce sont sans doute les œufs qui doivent servir à multiplier les habitants du polypier.

Le corail, avons-nous dit, se trouve dans la Méditerranée, et presque toujours à une profondeur assez considérable. On le pêche jusqu'au-dessous de six à sept cents pieds ; mais il semble diminuer de grosseur et de beauté à mesure qu'il croît plus loin de la surface. Jamais on ne le trouve à moins de dix pieds. Le corail se plait surtout dans les eaux calmes et dormantes, quoique le détroit de Messine produise le plus beau corail, et que la mer y soit ordinairement fort agitée ; c'est qu'il y a dans ce détroit des excavations profondes, où le mouvement des flots se fait peu sentir. Le corail croît au fond de la mer, dans toutes les directions possibles ; en général cependant on remarque qu'il se trouve suspendu à la voûte des cavernes, et que ses rameaux sont dirigés de haut en bas. Il peut encore vivre quand il a été détaché du sol qui le soutenait, mais il faut qu'il soit tombé sur un fond uni, où il ne soit pas en danger d'être roulé par les flots ; autrement la partie vivante ne tarderait pas à être détruite ; il arrive assez souvent, quand ces parties brisées se trouvent sur un roc ou une partie de terrain solide, qu'elles se collent par quelqu'une de leurs extrémités, et forment un nouveau pied aussi solide que le premier. Le corail ne grandit pas indéfiniment. Au bout d'une dizaine d'années l'accroissement s'arrête, le corail a dès lors atteint toutes ses dimensions et ses développements cessent.

Dans l'intervalle, les polypes se sont multipliés plus d'une fois. L'animal rejette par la bouche de petits corpuscules qui s'attachent au corps sur lequel ils tombent ; en peu de temps ils ont augmenté de volume, et ils se moulent sur la partie pierreuse qui les supporte. Ainsi se forme le centre de l'arbre sur lequel le corail sera appuyé ; ce n'est encore qu'une goutte rougeâtre : à l'intérieur s'élève un tubercule, qui est percé au milieu d'une cavité ; c'est là que l'on trouve le jeune zoophyte, qui est encore dans un état d'immobilité et d'inertie à peu près complète. Bientôt cependant ses parties se développent, la capsule qui les enfermait se rompt, les tentacules se dégagent peu à peu, l'animal commence à respirer et à pouvoir saisir sa nourriture. Le polypier va s'étendre en même temps : à mesure que le premier animal grandit, il dépose autour de lui une matière calcaire abondante, qui est bientôt devenue assez considérable pour supporter de nouveaux polypes, déposés irrégulièrement autour du premier. Le corps du polypier se durcit à mesure qu'il s'allonge, l'extrémité seule reste toujours molle. Ainsi que nous l'avons dit, pendant dix années les polypes se multiplient sur l'étendue de la tige, qui grossit à mesure qu'elle s'étend ; après cette époque, si le corail est né dans un lieu favorable, il est propre à être recueilli avantageusement. C'est pour cela que le lieu où les pêcheurs de Messine vont faire leur récolte annuelle est divisé en dix parties, dont une seule est exploitée chaque année. Ainsi le champ de corail se conserve aussi abondant, aussi riche, et l'on a remarqué que les coraux recueillis dans cette espèce de mine étaient aussi beaux que ceux qu'on tirait des lieux non encore exploités, où par conséquent ils devaient avoir bien plus de dix années.

Le corail, en général, est d'autant plus estimé qu'il est plus ancien ; cependant il ne contracte pas toujours la même teinte. Il passe par des nuances insensibles, du rouge écarlate au blanc pur. Spallanzani, le célèbre naturaliste italien, a possédé du corail rouge, orangé, jaune, gris foncé, gris clair et blanc. On trouve même quelques échantillons variés de diverses couleurs. Dans le commerce, on distingue trois grandes variétés de coraux : le corail rouge cramoisi ou rouge clair, le vermeil, qui est le plus rare, et le blanc clair et terne qui est commun et peu estimé.

Si la Méditerranée semble jusqu'à présent produire seule le corail, ce polypier n'est pas également répandu sur toutes les côtes ; il y en a, où on le cherche en vain : d'autres au contraire, où il abonde : ce sont celles des environs de Messine qui sont, ainsi que quelques rivages de l'Archipel, les plus anciennement exploitées ; le parage qui semble le plus riche est celui qui s'étend de la Calle à Bone, dans l'Algérie. Les pêcheurs de corail sont des hommes robustes et hardis, habiles et vigoureux plongeurs : ils font cette pêche dans leurs moments perdus : et à Messine, on ne la suspend entièrement en aucune saison. Les pêcheurs montent des bateaux qui vont légèrement à la voile, et qui portent pour principal instrument une forte croix de bois, garnie d'un filet à l'extrémité de chacune de ses branches. Ces filets sont ronds et fixés à des cercles de fer garnis de dents, comme celles d'un rateau ; pour que le filet descende promptement au fond de la mer, on charge le milieu de la croix d'une grosse pierre fortement attachée ou d'une masse de plomb; quand le corail est situé sous les voûtes des grottes marines, l'art du pêcheur consiste à jeter son appareil de telle sorte qu'il s'engage le plus avant possible dans l'excavation, et que les filets se trouvent accrochés aux branches des coraux. En faisant avancer leur bateau rapidement en sens contraire, ils retirent fortement la corde ; la croix entraîne les polypiers auxquels elle était accrochée, et si la pêche a été bien conduite, chaque filet ne manque pas de renfermer quelques branches de corail, quelquefois des coraux tout entiers. Ordinairement plusieurs fragments sont détachés par le mouvement de la croix ; quand ils ne sont pas à une trop grande profondeur, des plongeurs intrépides se jettent à la mer, et vont les chercher à plusieurs brasses au-dessous de la surface.

Autrefois on fabriquait en Europe un grand nombre d'ornements de corail qui y étaient fort recherchés ; aujourd'hui ce genre de parure n'y est plus guère estimé ; mais comme dans les autres parties du monde les bijoux de corail ont conservé toute leur vogue, la pêche de ce zoophyte et la préparation du polypier continuent à faire l'objet d'un commerce et d'une industrie fort importante.

Plusieurs de nos jeunes lecteurs qui ont peut-être été étonnés de rencontrer le corail dans le règne animal, seront beaucoup plus surpris sans doute d'y trouver les éponges. Au reste, elles ont paru tout aussi difficiles à classer que les coraux, et d'habiles naturalistes, Tournefort, Linnée, Spallanzani, ont été fort longtemps persuadés, comme leurs devanciers, qu'elles ne pouvaient être que des plantes. Enfin les mouvements appréciables qu'elles exécutent, et surtout les œufs qu'on leur a vu produire, ont forcé de reconnaître que ces êtres singuliers sont des animaux, et sans doute des polypiers.

Les éponges paraissent formées de deux substances, l'une fibreuse et constituant une sorte de tissu serré ; c'est elle qui est le véritable polypier, et qui sert à fixer l'animal aux corps plongés dans l'eau. La seconde est une substance molle, semblable à de la gélatine, renfermant la première et jouissant seule de la sensibilité et de cette vie incomplète que l'on

FIGURE 23.

Éponge main.

peut observer dans le dernier des zoophytes. Peut-être, d'après cela, l'opinion la plus raisonnable est-elle celle qui place l'éponge entre le règne animal et le règne végétal, qui ne les considère, du reste, que comme un seul être sans forme déterminée et régulière, se nourrissant par l'absorption des substances liquides qui sont en contact avec une partie quelconque de cette masse vivante et dont elle rejette ensuite le résidu.

Ces êtres vraiment ambigus vivent ordinairement dans l'eau salée : cependant on en voit de petites espèces dans les eaux douces. En général, on en trouve beaucoup plus dans les mers qui avoisinent l'équateur que dans celles qui se rapprochent du pôle. Dans l'Océan Méridional, les éponges se développent d'une manière prodigieuse et atteignent jusqu'à deux pieds de hauteur. Les éponges sont fixées aux rochers par un pied évasé qui ressemble à celui qui forme la base du corail, quoiqu'il soit beaucoup moins dur ; cependant il est assez solidement collé aux corps qui le supportent pour n'être jamais arraché par l'agitation des flots. Plusieurs espèces se plaisent dans les gouffres de l'Océan ; il en est d'autres qui se tiennent sur les rochers que la mer laisse à sec à la marée basse.

Les éponges qui sont répandues dans le commerce sont tirées de l'Amérique méridionale, de la Méditerranée et surtout de l'archipel grec. La pêche de l'éponge est la principale ressource des pauvres habitants de plusieurs îles. On habitue les enfants à plonger jusqu'à cinq ou six toises de profondeur pour aller détacher les éponges des rochers où elles croissent. Cette pêche est fatigante, dangereuse même. Cependant les femmes s'y adonnent comme les hommes, et l'on raconte qu'il est une petite île aux environs de Rhodes, où ni filles ni garçons ne peuvent espérer se marier à moins d'avoir pêché une certaine quantité d'éponges.

Pour livrer les éponges au commerce, il faut les débarrasser d'une odeur particulière qu'elles exhalent et qui provient sans doute de la matière animale qui s'étend autour de leur tissu. On y parvient du reste aisément en les lavant plusieurs fois dans de l'eau douce souvent renouvelée.

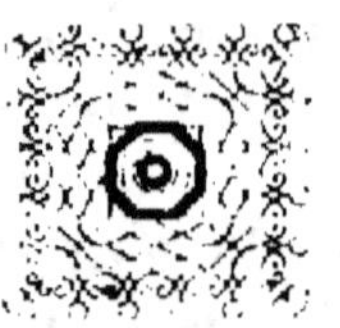

TABLE

DES

MATIÈRES CONTENUES DANS CE VOLUME (1).

PREMIÈRE PARTIE.

MOLLUSQUES.

CHAPITRE PRÉLIMINAIRE.

CHAPITRE PREMIER.

CHAPITRE DEUXIÈME.

(1) La multiplicité et la diversité des sujets traités dans ce volume, nous obligent à donner cette table pour faciliter les recherches.

CHAPITRE TROISIEME.

DEUXIÈME PARTIE.
ARTICULÉS.

___

CHAPITRE PRÉLIMINAIRE.

TROISIÈME PARTIE.

RAYONNÉS OU ZOOPHYTES.

CHAPITRE PRÉLIMINAIRE.

CHAPITRE PREMIER.

CHAPITRE DEUXIÈME.

FIN.